TRAITÉ ÉLÉMENTAIRE

DE

GÉOMÉTRIE DESCRIPTIVE

THÉORIQUE ET APPLIQUÉE

CONTENANT 350 PROBLÈMES GRADUÉS A RÉSOUDRE

Par ERNEST LEBON,

ANCIEN ÉLÈVE DE L'ÉCOLE SPÉCIALE DE CLUNY, AGRÉGÉ DE L'UNIVERSITÉ
PROFESSEUR AU LYCÉE DE NANCY.

TROISIÈME & QUATRIÈME PARTIE.

SURFACES TOPOGRAPHIQUES & PERSPECTIVE.

CONFORME AU PROGRAMME DE L'ENSEIGNEMENT SECONDAIRE SPÉCIAL

4e ANNÉE.

—

TEXTE.

—

PARIS.

JULES DELALAIN & FILS, Éditeurs

56, RUE DES ÉCOLES, VIS-A-VIS DE LA SORBONNE.

—

1876

TRAITÉ ÉLÉMENTAIRE

DE

GÉOMÉTRIE DESCRIPTIVE

THÉORIQUE ET APPLIQUÉE.

TEXTE.

Tout exemplaire non revêtu de la signature de l'Auteur sera réputé contrefait.

TRAITÉ ÉLÉMENTAIRE

DE

GÉOMÉTRIE DESCRIPTIVE

THÉORIQUE ET APPLIQUÉE

CONTENANT 350 PROBLÈMES GRADUÉS A RÉSOUDRE

Par ERNEST LEBON,

ANCIEN ÉLÈVE DE L'ÉCOLE SPÉCIALE DE CLUNY, AGRÉGÉ DE L'UNIVERSITÉ
PROFESSEUR AU LYCÉE DE NANCY.

TROISIÈME & QUATRIÈME PARTIE.

SURFACES TOPOGRAPHIQUES & PERSPECTIVE.

CONFORME AU PROGRAMME DE L'ENSEIGNEMENT SECONDAIRE SPÉCIAL

4e ANNÉE.

—

TEXTE.

—

PARIS.

JULES DELALAIN & FILS, Éditeurs

56, RUE DES ÉCOLES, VIS-A-VIS DE LA SORBONNE.

—

1876

NOMS DES LETTRES GRECQUES

EMPLOYÉES DANS CET OUVRAGE.

α	ALPHA.
β	BÊTA.
γ	GAMMA.
δ	DELTA.
ε	EPSILON.
θ	THETA
π	PI.
ρ	RHO.
φ	PHI.
ω	OMÉGA.

PRÉFACE.

L'illustre Monge, dans le programme qui précède le Cours de Géométrie descriptive qu'il fit à l'Ecole normale (1794) et à l'Ecole polytechnique, demande que l'éducation nationale reçoive une direction nouvelle ; il démontre d'abord la nécessité de rendre populaire l'étude des sciences exactes et de leurs applications, des phénomènes naturels, des procédés des arts, des machines employées dans l'industrie ; il insiste sur la nécessité de familiariser tous les jeunes gens avec l'usage de la Géométrie descriptive en expliquant ses méthodes et leurs applications aux arts, en faisant exécuter par les élèves les constructions graphiques du cours ; il désire que les applications de cette science comprennent la perspective et la détermination des ombres.

Les désirs de Monge sont accomplis : l'étude des sciences appliquées fait maintenant partie de l'éducation nationale. Depuis un demi-siècle de nombreux essais ont été faits pour donner à la France un enseignement pratique utile au plus grand nombre ; des conséquences tirées des résultats de ces essais, il a été possible d'organiser l'Enseignement secondaire spécial, qui marche maintenant de pair avec l'Enseignement secondaire classique. En moins de dix ans, et malgré les malheurs éprouvées par notre chère France, cet enseignement s'est maintenu et a prospéré partout, comme chez nos voisins ; dans les pays industriels, les établissements de l'Etat peuvent être fiers de posséder un enseignement national florissant qui en s'adressant à la majorité des jeunes gens, propage dans notre pays la connaissance des sciences et de leurs applications et élève ainsi le niveau général de l'instruction secondaire.

Constatons avec satisfaction que ce nouvel enseignement, indispensable et désiré, fait des progrès de plus en plus sensibles, parce qu'il recrute chaque année un bon nombre de Professeurs de mérite tout entiers dévoués à la belle tâche de populariser les connaissances utiles. Parmi ces Professeurs, les anciens élèves de l'Ecole spéciale de Cluny ont à cœur de propager les méthodes suivies dans ce grand

Etablissement ; il en résultera donc dans quelques années une unité de méthodes avantageuse au point de vue de la stabilité de l'Enseignement secondaire spécial et des services qu'il rend.

Il ne faut pas croire que les Cours de cet enseignement soient utiles seulement au point de vue immédiat de l'industrie, du commerce, de l'agriculture et d'un grand nombre de services publics. Il faut aussi être persuadé de la vérité d'un fait démontré par l'expérience : les élèves intelligents, laborieux et animés d'une ambition louable, peuvent, après avoir bien suivi les cours scientifiques et littéraires et un cours particulier de latin, arriver aisément au baccalauréat-ès-sciences, dans le but d'entrer un jour dans l'une de nos grandes Ecoles.

Lorsque j'ai publié au mois d'octobre 1875, la Première Partie de mon Traité de Géométrie descriptive théorique et appliquée, j'ai fait ressortir les avantages du plan adopté pour la rédaction de cet ouvrage, et l'innovation introduite en proposant après chaque chapitre un grand nombre de problèmes a résoudre dont la moitié au moins sont numériques et donnent lieu à des épures très utiles et intéressantes à exécuter. Je me suis alors borné à dire que ma publication ultérieure comprendrait la 4e année. A présent que mon Traité est terminé, je dois insister sur les divisions qu'il comprend.

La *Première Partie*, PLAN ET SPHÈRE, comprend la représentation des solides, leur intersection par des plans, les méthodes générales de rabattements, changements de plans, rotations, les premiers principes relatifs à la Stéréotomie et aux Ombres et l'étude de la Sphère.

La *Seconde Partie*, SURFACES COURBES GÉOMÉTRIQUES, comprend l'étude complète des surfaces cylindrique et conique, les ombres de la sphère, les surfaces de révolution, les principes indispensables relatifs aux surfaces réglées développables et gauches, de nombreuses applications à la Stéréotomie et aux Ombres, l'étude des vis et des escaliers.

La *Troisième Partie*, SURFACES TOPOGRAPHIQUES, comprend l'étude des Instruments de Topographie, le Lever des Plans, le Nivellement, les Plans cotés, les questions usuelles relatives aux surfaces topographiques.

La *Quatrième Partie*, PERSPECTIVE, comprend les principes fondamentaux des perspectives conique et cavalière, et de nombreuses applications.

La Première Partie est destinée à la 3e année. Elle est formée d'un volume de texte et d'un de planches.

Les trois autres parties sont destinées à la 4e année. Mais un grand nombre de professeurs m'ayant exprimé le désir d'avoir à part le Lever des plans, le Nivellement et les Plans cotés, j'ai dû former :

Avec la Seconde Partie, un volume de texte et un de planches ;

Et avec les deux dernières, un volume de texte et un de planches.

Ayant exposé dans la Préface de la Première Partie toutes les particularités qu'elle présente, je n'ai à insister que sur les trois autres parties.

J'y développe complètement les questions relatives aux cylindre et cône, à cause de l'importance de ces deux surfaces ; je donne aux questions de Stéréotomie et d'Ombres, qui en sont des applications, toute l'exactitude qu'elles exigent, en sorte que l'élève qui aura étudié ce cours puisse comprendre aisément les Traités spéciaux de Stéréotomie.

Je donne sur les surfaces réglées développables et gauches les principes nécessaires pour l'étude des vis et des escaliers. Les questions de l'ombre des vis et de la construction du joint des escaliers ne sont pas traitées, parce qu'elles nécessitent une théorie, celle des plans tangents aux surfaces gauches, qui ne peut entrer dans un Traité élémentaire.

Dans le chapitre des surfaces de révolution, j'explique une méthode très-rapide et fréquemment employée pour déterminer l'ombre propre au moyen de l'ombre portée.

Je donne et démontre le moyen de trouver les points d'inflexion des développées.

Je démontre aussi par des considérations géométriques très-simples, qu'il y a inflexion aux points d'intersection des projections verticales de l'hélice et de son axe.

Enfin je donne le moyen général de trouver le point brillant d'une surface dans le cas de rayons lumineux parallèles entre eux.

Pour la Seconde et la Quatrième Partie, plus encore que pour la Première, je me suis inspiré des écrits et des méthodes enseignées à l'Ecole polytechnique, par Monge, Hachette, Leroy, M. de la Gournerie. Aussi j'ose me flatter que ce livre sera utile aux jeunes gens qui se préparent aux grandes Ecoles, parce qu'ils y trouveront les éléments des applications à la Stéréotomie, aux Ombres et à la Perspective.

On se plaint en général qu'il n'existe pas de Traité élémentaire de Perspective, que la plupart des petits ouvrages ne renferment que des notions trop incomplètes, et que les gros ne sont d'aucune manière à la portée des élèves. Puisse la Quatrième Partie de mon ouvrage combler cette lacune.

La Troisième Partie traite les théories si importantes des Plans cotés et des Surfaces topographiques ; j'y donne la solution des principaux problèmes qui s'y rapportent. Mais avant d'exposer ces questions, j'explique comment on obtient les données qui s'y rapportent en traitant avec soins les deux branches les plus importantes de la Topographie, le Lever des Plans et le Nivellement. La description des Instruments de Topographie et d'Arpentage est à part pour ne pas entraver l'exposition des questions topographiques. Le lecteur désireux de compléter les notions que donne mon ouvrage peut consulter avec fruit les Traités de Puissant et Salneuve, dont je me suis inspiré.

Enfin, ayant jugé bon de rendre aussi complet et aussi intéressant que possible ce Traité, j'y ai développé quelques questions non spécifiées par le programme, mais devant être utiles aux élèves ayant un autre but que d'arriver au diplôme couronnant les études secondaires spéciales. Elles sont distinguées des autres par une astérique.

Nancy, août 1876.

GÉOMÉTRIE DESCRIPTIVE

THÉORIQUE ET APPLIQUÉE.

TROISIÈME PARTIE.

SURFACES TOPOGRAPHIQUES*.

I

INSTRUMENTS DE TOPOGRAPHIE.

DÉFINITIONS.

1. *La Topographie* a pour objet de représenter sur un plan à une échelle déterminée une partie de la surface de la terre. On opère sur des étendues assez petites pour que les lignes du terrain, méridiens, parallèles, petits cercles, puissent être considérées comme droites.

2. Pour faire la représentation d'une grande étendue de terrain on tient compte de la rondeur de la terre. Cette représentation est l'objet de la *Géodésie*, science

* Les chapitres IV et V seuls appartiennent à la *Géométrie descriptive*.

qui a pour subdivisions : la *topographie*, l'*arpentage*, le *partage des terrains*, l'*hydrographie*, le *tracé des cartes*.

3. La Topographie comprend deux opérations : le *Lever des Plans* ou *Planimétrie* et le *Nivellement*. La planimétrie, ou projection du terrain sur un plan horizontal, donne la figure générale de la surface du sol et les positions relatives de ses points remarquables; le nivellement sert à obtenir les données nécessaires pour établir le relief du sol.

4. Il est nécessaire de connaître les instruments dits de topographie et d'arpentage. Voilà les principaux : jalons, chaîne d'arpenteur, fiches, équerre d'arpenteur, lunette, graphomètre, cercle répétiteur, théodolite, planchette, boussole, niveaux, mires.

JALONS.

5. Les *jalons* sont des piquets en bois, munis à une extrémité d'une pointe en fer, fendus à l'autre pour recevoir un petit carton blanc. On les plante verticalement pour déterminer un point ou la direction d'une droite sur le terrain. Leur longueur ordinaire est 1 mètre.

6. *Pour jalonner une droite*, l'opérateur se place derrière le premier jalon, dirige un rayon visuel suivant la direction du premier et du dernier, et fait planter par son aide des jalons intermédiaires. L'opérateur reconnaît que *la droite est jalonnée* si le premier jalon lui cache tous les autres.

7. *On prolonge une direction* en faisant planter des jalons dans la direction et à la suite des deux derniers.

8. *Pour trouver le point d'intersection de deux directions jalonnées*, on vise suivant l'une et on fait parcourir lentement l'autre par un aide jusqu'à ce qu'on aperçoive sur la première le jalon que tient l'aide.

9. On se sert souvent de l'équerre ou de la lunette pour jalonner une droite.

CHAINE D'ARPENTEUR ET FICHES.

10. La *chaîne d'arpenteur*, qui sert à mesurer sur le terrain les distances jalonnées, se compose de 50 chaînons, en gros fil de fer, réunis par des anneaux; elle est terminée à ses extrémités par des poignées en fer; sa longueur est de 10^{m}, y compris les poignées. Un chaînon et un anneau forment une longueur de 2^{dm}. La longueur de chaque poignée est prise sur chaque dernier chaînon. De mètre en mètre les anneaux sont en cuivre. L'anneau du milieu de la chaîne porte une petite tige.

11. Les *fiches* sont des tiges de fer ayant 3 ou 4^{dm} de longueur, terminées par un anneau d'un côté et une pointe de l'autre.

12. *Pour mesurer une distance jalonnée*, deux opérateurs, tenant chacun une poignée de la chaîne, la portent sur cette distance en la tendant horizontalement pour l'ajouter à elle-même, et en ayant soin que les anneaux et les chaînons ne soient pas entremêlés. L'aide, qui marche en avant, pique en terre une fiche

contre la poignée. L'opérateur, qui marche en arrière, recueille les fiches à mesure qu'il avance. Quand il en a 10, une longueur de 100 mètres dite *portée*, a été mesurée ; il l'inscrit sur un carnet. On tend la chaîne *horizontalement*, même quand le terrain est incliné, parce que le but des mesures qu'on effectue est d'avoir la distance horizontale entre deux points. Si l'inclinaison du terrain est grande, on fait usage de tiges plombées qu'on laisse tomber verticalement et qui s'enfoncent d'elles-mêmes. Si l'inclinaison du terrain est très-grande, on mesure la distance en posant la chaîne sur le terrain, et on réduit cette distance à l'horizon, après avoir mesuré soit la pente du terrain, soit son angle d'inclinaison (*Prob.* 1 et 2).

ÉQUERRE D'ARPENTEUR.

13. L'*équerre d'arpenteur* est un instrument servant à mener sur le terrain des perpendiculaires et, par suite, des parallèles. On l'emploie aussi pour jalonner une droite. Elle est formée (*fig.* 1) d'un cylindre circulaire droit ou d'un prisme octogonal régulier de 8 à 10^{cm} de hauteur sur 5 à 6 de diamètre, dans lequel sont pratiquées suivant l'axe quatre fentes, appelées *pinnules*, déterminées par deux diamètres rectangulaires. Chaque fente est élargie, l'une en haut, la correspondante diamétrale en bas, de façon à former une *fenêtre* divisée en deux parties égales par un crin vertical. La ligne de visée est déterminée par une fente et le crin opposé ou réciproquement. Il y a, en outre, à 45° avec

les précédentes, quatre autres pinnules sans fenêtres, ayant à leurs extrémités un petit trou ou *œilleton*. L'équerre est munie à sa partie inférieure d'une douille *d* dans laquelle entre, à frottement doux, une extrémité d'un bâton *b*, ferré à l'autre; ce bâton est le *pied* de l'équerre et s'enfonce verticalement en terre, pour que l'équerre soit verticale.

14. *Pour jalonner une droite avec l'équerre*, on plante deux jalons sur cette droite; on établit l'équerre sur la droite de manière que, en visant par deux pinnules opposées, l'un des jalons cache l'autre; puis un aide plante des jalons dans la direction du rayon visuel que l'opérateur dirige selon la droite; c'est lui qui, de la main, indique à l'aide les positions que doivent occuper les jalons.

15. *Pour élever une perpendiculaire, en un de ses points, à une direction jalonnée*, l'opérateur établit verticalement l'équerre en ce point, de manière que deux pinnules, diamétralement opposées, soient selon la droite jalonnée; et il fait planter par un aide des jalons dans la direction des deux pinnules perpendiculaires à celles dirigées selon la droite jalonnée.

16. *Pour abaisser une perpendiculaire à une direction jalonnée d'un point situé en dehors de cette direction*, l'opérateur s'avance sur la droite jalonnée de manière que deux pinnules diamétralement opposées soient selon cette droite, jusqu'à ce que le rayon visuel dirigé selon les deux pinnules perpendiculaires aux précédentes passe par le jalon planté au point donné; il fait alors jalonner par son aide la perpendiculaire obtenue

17. *Pour mener une parallèle à une direction jalonnée*, on abaisse sur celle-ci du point donné une perpendiculaire, qu'on jalonne; puis on élève au point donné à la droite ainsi obtenue une perpendiculaire, qu'on jalonne; c'est la parallèle cherchée.

18. *Vérification d'une équerre*. On vise un objet éloigné O à travers deux pinnules opposées P et un second O′ à travers les deux pinnules P′ perpendiculaires à celles-ci. Puis on fait tourner l'équerre jusqu'à ce qu'à travers le second système de pinnules P′ on aperçoive le premier objet O ; le second objet O′ doit être vu à travers le premier système P si l'instrument est juste.

LUNETTE ASTRONOMIQUE.

19. La *lunette astronomique*, employée en topographie, est formée de trois parties adaptées à des tubes entrant les uns dans les autres à frottement doux (*fig.* 2). Le premier tube porte l'*objectif* O, lentille convergente dirigée vers l'objet à observer; le dernier tube porte l'*oculaire o*, lentille convergente près de laquelle on place l'œil ; dans le tube intermédiaire se trouve le *réticule*, formé de deux fils croisés à angle droit, montés sur un chassis qu'on fait mouvoir à l'aide d'une vis *v*. On fait mouvoir l'oculaire jusqu'à ce que l'image de l'objet vienne se former au point de croisement des fils du réticule. Pour mettre la lunette au point, on fait mouvoir le porte-oculaire jusqu'à ce qu'on aperçoive nettement les fils du réticule; puis on fait

mouvoir le porte-réticule jusqu'à ce qu'on aperçoive nettement l'image de l'objet, laquelle est alors à la croisée des fils ; autrement dit le réticule est au foyer de l'objectif.

20. On appelle *axe optique* d'une lunette la ligne joignant le point de rencontre des fils du réticule au *centre optique* de l'objectif, point qui jouit de la propriété que tout rayon lumineux qui y passe n'est pas dévié. Lorsque le point de croisement des fils du réticule est au foyer, il détermine avec le centre optique de l'objectif une droite qui passe par le point visé et l'axe optique de la lunette.

21. Souvent une lunette est mobile autour d'un axe horizontal pour que son axe optique se meuve dans un plan vertical. On s'arrange en sorte que l'un des fils du réticule reste dans ce plan. Pour cela, on vise un point éloigné de manière qu'il soit recouvert par le fil vertical, et on dérange le porte-réticule autour de son axe au moyen de la vis *v*, jusqu'à ce que le fil vertical recouvre toujours le point dans le mouvement de la lunette autour de son axe horizontal.

GRAPHOMÈTRE.

22. Le *graphomètre* est un instrument tout en cuivre servant à mesurer des angles sur le terrain. Il se compose d'un demi-cercle L appelé *limbe*, gradué de 0° à 180° ; il est divisé en demi-degrés (*fig*. 3). Nous supposons, dans cette description, que le limbe est horizontal. Deux lames *l*, *l*, sont perpendiculaires aux

extrémités d'une règle R limitant le demi-cercle du limbe. Ces lames sont percées de fentes verticales à fenêtres opposées; le nom de *pinnules* s'applique aux lames et à leurs fentes. Les fenêtres sont traversées par un fil vertical dans le prolongement de la fente. Le plan vertical des fils passe par le diamètre 0°, 180° du limbe, appelé *ligne de foi*. L'ensemble de la règle diamétrale R et des lames l forme l'*alidade fixe*. Il y a, en outre, un système analogue, appelé *alidade mobile*, dont la règle R′ est mobile horizontalement autour du centre O du demi-cercle; le plan vertical des fils de cette alidade passe par le centre O. La règle R′ glisse à frottement doux sur le limbe. Cette règle est terminée par des secteurs circulaires de centre O, dont les bords amincis en biseau coïncident avec les divisions du limbe. Le plan vertical des fils de l'alidade mobile coupe ces arcs en des points où on marque la division *zéro*. La ligne de ces deux zéros forme la *ligne de foi* de l'alidade mobile. Ces arcs sont divisés en 30 divisions recouvrant 29 demi-divisions du limbe. Ainsi, ils servent de *verniers circulaires* destinés à évaluer des minutes. Par exemple, si le zéro du vernier coïncide avec la division 32° ½ du limbe, l'angle cherché est de 32° 30′; si le zéro du vernier est entre 32° 30′ et 33°, on trouve le nombre de minutes à ajouter à 32° 30′ en regardant quelle division du vernier coïncide avec une division du limbe. Si c'est la 17me division du vernier, le nombre de minutes cherché est 17, et l'angle mesuré égale 32° 47′ (*Prob.* n° 3).

23. Une tige terminée par une sphère s est fixée

perpendiculairement au limbe au-dessous et en son centre. Cette sphère est engagée entre deux coquilles *c* qu'on rapproche à volonté à l'aide d'une vis V. Ce système, appelé *genou à coquilles*, permet de donner au plan du limbe toutes les positions qu'on veut. Les coquilles sont adaptées à une douille dans laquelle glisse à frottement doux la partie supérieure d'un support à trois pieds T. Une petite *boussole*, fixée dans le plan du limbe, sert à s'orienter sur le terrain.

24. NOTA : Le *graphomètre à lunettes* est celui où les pinnules sont remplacées par des lunettes dont l'axe optique est parallèle au limbe et passe par la ligne de foi des alidades. On règle la position de l'alidade mobile au moyen d'une *vis* dite de *rappel*.

Principales opérations faites avec le grophomètre.

25. 1° *Mesurer un angle dont le plan est horizontal.* On établit le centre du limbe au sommet de l'angle à mesurer au moyen d'un fil à plomb, et on serre la vis du trépied ; on dispose le limbe horizontalement au moyen d'un niveau à bulle d'air ; on dirige l'alidade fixe selon la direction d'un des côtés de l'angle à mesurer ; alors on serre la vis des coquilles. Puis on dirige l'alidade mobile dans la direction de l'autre côté et on lit au moyen du vernier le nombre de degrés et minutes de cet angle.

26. REMARQUE. On opère de la même manière pour mesurer un angle réduit à l'horizon quand on voit de la station les signaux placés sur chacun des côtés de l'angle à mesurer.

27. 2° *Mesurer dans son plan un angle qui n'est pas horizontal.* On établit le centre du limbe au sommet de l'angle à mesurer; on dispose le plan du limbe dans celui de cet angle, ce qui a lieu quand au moyen de l'alidade mobile on peut voir les pieds des signaux qui sont sur les côtés de cet angle; on dirige alors l'alidade fixe dans la direction d'un de ces côtés; on serre la vis des coquilles; on dirige l'alidade mobile dans la direction de l'autre côté; et on lit à l'aide du vernier le nombre de degrés et minutes de l'angle à mesurer.

28. REMARQUE. En mesurant ensuite les angles des côtés de l'angle considéré avec la verticale de la station, on peut réduire à l'horizon l'angle trouvé (1re P., n° 199).

29. 3° *Faire en un point donné d'une droite donnée un angle égal à un angle donné.* Après avoir établi le centre du limbe au point donné, dans le plan de l'angle à construire, on dirige l'alidade fixe dans la direction donnée; on serre la vis des coquilles; on établit l'alidade mobile de sorte qu'elle fasse l'angle donné avec la ligne de foi fixe; et on fait jalonner la direction déterminée par l'alidade mobile.

30. REMARQUE. On peut ainsi *élever une perpendiculaire* en un point d'une direction donnée. Mais l'opération est plus longue qu'en employant l'équerre.

31. *Vérification du graphomètre.* On établit le limbe horizontalement. 1° Il faut que, quand les fils des quatre pinnules sont dans le même plan vertical, les *zéros* des verniers coïncident avec le *zéro* et la division

180° du limbe ; 2° il faut que *l'axe de rotation de l'alidade mobile soit au centre du limbe.* Soient *mn*, *rs*, deux directions se coupant en *a* (*fig.* 4) où se place le centre du limbe. On met la ligne de foi de l'alidade fixe selon *mn ;* si *o* est le centre de rotation de l'alidade mobile, l'angle mesuré *son* est plus petit que l'angle à mesurer *san*. On met alors l'alidade fixe selon *rs* (*fig.* 5) ; l'angle mesuré est *mos* plus petit que celui à mesurer *mar*. Or $san + mar = 180°$; donc $son + mos < 180°$, si le point *o* ne coïncide pas avec *a ;* 3° il faut s'assurer de l'exactitude de la graduation du limbe en faisant *un tour d'horizon*, c'est-à-dire en mesurant un certain nombre d'angles formés autour d'un point ; leur somme doit égaler 360°.

32. Remarque. Pour mesurer les angles, on remplace avantageusement le graphomètre par le *cercle répétiteur* et par le *théodolite**.

CERCLE RÉPÉTITEUR.

33. Le *cercle répétiteur* est un instrument destiné à mesurer des angles. Il est formé d'un cercle divisé en 360 degrés et en demi-degrés ; un niveau à bulle d'air est dans le plan de ce cercle ; il est articulé à l'extrémité supérieure d'une colonne verticale de manière à pouvoir prendre toutes les inclinaisons possibles. A la partie inférieure de cette colonne sont adaptées trois

* La disposition des diverses pièces de ces deux instruments étant variable, nous engageons le lecteur à étudier la manière de les employer sur la notice qui les accompagne toujours.

branches avec vis calantes ; ce trépied repose sur un solide support en bois porté par trois pieds articulés. Au centre du cercle est une lunette dont l'axe optique se meut parallèlement au plan du cercle; elle fait tourner une alidade à vernier qui s'appuie sur le cercle et qui est dans le plan vertical de l'axe optique.

34. Pour mesurer un angle, on dispose le cercle dans son plan de manière que son centre soit au sommet de l'angle ; on dirige un rayon visuel vers le signal placé sur un des côtés; puis on fait tourner le cercle jusqu'à ce que le zéro de sa graduation coïncide avec celui du vernier. Alors on fait tourner la lunette jusqu'à ce qu'on aperçoive à la croisée des fils le signal placé sur l'autre côté de l'angle; l'alidade s'est déplacée et on peut lire l'angle cherché. Mais par une série de rotations de l'instrument, on peut obtenir un multiple de l'angle cherché tel qu'on en ait la mesure à une seconde près ; cette manière d'opérer s'appelle *répétition*.

THÉODOLITE.

35. Le *théodolite*, employé surtout en astronomie, est une modification du cercle répétiteur permettant de mesurer les angles réduits à l'horizon. Il est formé :
1° D'un cercle horizontal mobile autour d'une colonne verticale à trois branches munies de vis pour établir verticalement la colonne sur le plateau d'un trépied; un niveau à bulle d'air est dans le plan de ce cercle.
2° D'un cercle vertical monté sur le côté de la même colonne et portant perpendiculairement en son centre

une lunette mobile dans un plan vertical. Ces deux cercles sont divisés en 360° et demi-degrés. Lorsque le le cercle vertical tourne autour de l'axe de la colonne, il entraîne une alidade à vernier concentrique avec le cercle horizontal et glissant sur lui. D'après cette disposition, on voit que si on vise successivement deux objets éloignés, on peut lire sur le cercle horizontal les nombres de divisions auxquels s'est arrêté le vernier; la différence de ces nombres exprime la valeur de l'angle réduit à l'horizon ayant pour sommet la station et pour côtés les droites allant de la station aux points visés. On peut aussi répéter un angle avec le *théodolite*.

BOUSSOLE.

36. La *boussole* sert à mesurer les angles sur le terrain. Elle se compose d'un limbe L gradué en 360° et en demi-degrés (*fig.* 6); en son centre se meut horizontalement une aiguille aimantée dont la pointe bleue se tourne vers le Nord. Ce limbe est renfermé dans une boîte carrée en bois recouverte d'un verre. Le pivot de l'aiguille est en acier ; un ressort peut l'appuyer contre le verre et l'empêcher de bouger. Au centre de la partie inférieure de la boîte est fixée une sphère *s* qu'on fait entrer entre les coquilles d'un trépied. Lorsque le limbe est horizontal il peut tourner autour d'un axe vertical. Aux divisions 0°, 90°, 180°, 270° sont marquées les lettres N, E, S, O; les lignes NS, EO sont parallèles aux côtés de la boîte; la ligne 0°, 180° ou NS est appelée *ligne de foi*. Sur le côté de la boîte parallèle à NS est

une lunette mobile autour d'un axe horizontal parallèle à EO; il en résulte que la lunette décrit un plan parallèle au méridien magnétique quand le limbe est horizontal et que la ligne NS est bien dirigée du Nord au Sud magnétique. On donne au limbe une horizontalité parfaite au moyen de deux niveaux à bulle d'air fixés à la boîte parallèlement à deux côtés consécutifs.

37. *Pour mesurer un angle horizontal* au moyen de la boussole, on dispose horizontalement son limbe de manière que son centre soit sur la verticale du sommet de l'angle à mesurer. On fait tourner la boîte jusqu'à ce qu'on voie dans la lunette le signal placé sur un des côtés de l'angle; et on lit l'*azimut magnétique* de ce côté; c'est-à-dire l'angle fait vers l'ouest de 0° à 360° par l'aiguille aimantée avec la direction NS du limbe, direction parallèle à celle du côté considéré. Alors on fait tourner la boîte autour de son axe vertical jusqu'à ce qu'on aperçoive dans la lunette le signal placé sur l'autre côté de l'angle; et on lit l'azimut magnétique de ce côté. On comprend aisément que la valeur de l'angle cherchée est égale à la différence de ces deux azimuts.

38. Il faut: 1° Que le limbe reste horizontal dans toutes ses positions, ce dont on s'assure au moyen des niveaux. 2° Que l'axe optique de la lunette se meuve dans un plan vertical; on sait vérifier cette condition. 3° Que le point de suspension de l'aiguille soit bien au centre du limbe; cette vérification a lieu comme dans le cas du graphomètre. 4° Que l'axe de figure de l'aiguille coïncide avec son axe magnétique: on s'en assure

en établissant horizontalement le limbe et en visant sur une direction; puis on retourne l'aiguille sur elle-même; l'azimut lu dans les deux cas doit être le même. Sinon l'azimut exact est égal au plus petit augmenté de leur demi-différence, qui est du reste constante.

39. REMARQUE. L'aiguille aimantée à cause de la déclinaison qui est occidentale ou orientale, n'a pas exactement la direction de la méridienne; l'angle de déclinaison varie chaque année : il faut en tenir compte dans l'orientation des plans.

PLANCHETTE.

40. La *planchette* sert à obtenir la valeur des angles sur le terrain. Tous les instruments qui précèdent donnent la valeur des angles en degrés et nécessitent l'emploi du rapporteur pour faire les dessins ; la planchette permet de faire le dessin sur le terrain même.

41. Elle se compose d'une planchette analogue aux planches à dessin ayant 50^{cm} à 60^{cm} pour dimensions (*fig.* 7). Des rouleaux, placés le long de deux côtés parallèles de la planchette et tournant dans des collets fixés à celle-ci, servent à tendre le papier sur elle. La planchette porte en dessous deux traverses à coulisse entre lesquelles glisse une planche fixée au trépied de l'instrument. Un système, nommé *genou à la Cugnot*, formé de deux cylindres articulés rectangulairement permet de donner à la planchette toutes les inclinaisons possibles; il est très-commode pour établir la planchette horizontale au moyen d'un niveau à bulle

d'air réglé. Mais comme il est très-lourd, on se contente le plus souvent d'un *genou à coquilles;* alors l'horizontalité s'établit au moyen d'un crayon posé sur la planchette. D'ailleurs cela est suffisamment exact, car les réductions à l'horizon d'angles peu inclinés sont très-petites.

42. Une *alidade* (*fig.* 8), analogue à celle du graphomètre, est posée sur la planchette. Elle peut être à *pinnules* ou à *lunette*, se mouvant autour d'un axe horizontal de manière que son axe optique décrive un plan vertical. La *ligne de foi* de la règle de cette alidade forme une de ses arêtes; elle est divisée en millimètres et sert à tracer des droites dans la direction des pinnules ou de l'axe optique de la lunette.

NIVEAUX.

43. Les *niveaux* sont des instruments servant à vérifier l'horizontalité d'un plan, à mesurer la pente d'un plan, à obtenir des rayons visuels horizontaux. De là plusieurs espèces de niveaux; nous décrirons le niveau à bulle d'air, le niveau d'inclinaison de Delambre, le niveau d'eau, le niveau à plateau.

NIVEAU A BULLE D'AIR.

44. Il est formé d'un tube de verre légèrement bombé vers le haut (*fig.* 9) et enfermé dans un tube métallique, reposant sur un plateau. Le tube étant presque complétement rempli d'eau, lorsque le plateau est

horizontal, une bulle d'air vient se placer entre deux traits, appelés *repères*, marqués sur la partie bombée du verre. On s'assure de l'horizontalité d'un plan quand la bulle reste entre ses repères, quelle que soit la position du niveau sur le plan.

45. On *rectifie* le niveau à bulle d'air au moyen d'une *vis de réglage* ; pour cela on le place sur une règle reposant sur un plan par deux vis calantes ; on remarque la position occupée par la bulle ; on le retourne bout à bout sur cette règle ; la bulle se déplace d'un certain nombre de divisions ; on agit sur les vis calantes pour faire rétrograder la bulle de la moitié de ce nombre de divisions, ce qui rend la règle horizontale (*Prob.* 4). Enfin, on agit sur la vis de réglage pour ramener la bulle entre ses repères.

NIVEAU D'INCLINAISON DE DELAMBRE.

46. Il est formé d'un chassis triangulaire isocèle BAC (*fig.* 10) ; une règle porte une ligne AD médiane du triangle et rayon d'un arc de cercle MN gradué dont les divisions partent de D ; une règle AE mobile autour de A porte un vernier glissant sur l'arc MN, et se place verticalement ; elle est munie d'un petit niveau à bulle d'air. On conçoit que cet instrument donne l'angle d'une droite IK avec l'horizon IH.

NIVEAU D'EAU.

47. Le *niveau d'eau* est un instrument servant à obtenir une ligne horizontale. Il est fondé sur l'hori-

zontalité des surfaces liquides libres dans deux vases communiquants. Il est formé d'un cylindre en cuivre ou en fer blanc, de 14^{dm} de longueur ; de 5^{cm} de diamètre (*fig.* 11) ; deux fioles en verre de même diamètre s'engagent dans ses extrémités recourbées à angle droit. Au milieu du cylindre est soudée une douille avec *genou à coquilles*, permettant de faire faire au niveau un *tour d'horizon ;* la douille sert à fixer l'instrument sur un support à trois pieds articulés.

48. Pour se servir de cet instrument, on remplit le tube d'eau colorée jusqu'aux $^3/_4$ de la hauteur des fioles ; puis on le dispose à peu près horizontalement et on l'y maintient en serrant la vis du genou. Les surfaces de l'eau dans les fioles sont des *ménisques concaves* dont les contours sont situés dans un même plan horizontal. Il suffit, pour avoir une horizontale, de mener un rayon visuel tangent intérieurement au contour des ménisques. Il faut que le tube et les fioles aient le même diamètre pour que l'instrument faisant un tour d'horizon, le plan des surfaces de l'eau des fioles ne change pas, quand même le tube ne serait pas bien horizontal (*Prob.* 5). Les fioles sont rétrécies à leur ouverture supérieure pour qu'on puisse aisément les fermer quand on se déplace.

NIVEAU A PLATEAU.

49. Il remplace avantageusement le niveau d'eau. Cet instrument, tout en cuivre (*fig.* 12), se compose d'un plateau circulaire, divisé en 360°, supporté en son

centre par une colonne terminée par un pied à trois branches munies de vis calantes *v;* l'instrument est posé par ces vis sur une planche épaisse montée sur un trépied articulé. Une vis, traversant cette planche, s'engage sous le plateau pour empêcher une chute du niveau. Une lunette repose sur le plateau par des collets *c* rectangulaires égaux ; quand elle pivote au centre du plateau, les collets glissent sur celui-ci ; si l'axe optique de la lunette est parallèle au plateau, il décrit un plan qui lui est parallèle ; par suite un plan horizontal, si le plateau est horizontal. Sur les collets de la lunette est adaptée la platine d'un niveau à bulle d'air servant à établir l'horizontalité du plateau.

50. Pour mettre le plateau horizontal, on cale le trépied sur le terrain, on met le niveau à bulle d'air dans une direction parallèle à celle de deux vis calantes qu'on fait tourner jusqu'à ce que la bulle soit entre ses repères ; puis on fait tourner la lunette et par suite le niveau à bulle d'air dans la direction de la 3me vis ; et on rétablit, s'il est nécessaire, la bulle entre ses repères ; il faut une série de tâtonnements analogues pour obtenir une horizontalité parfaite du plateau.

51. Il faut que l'axe optique de la lunette se meuve dans un plan parallèle au plateau. On vise un point éloigné, le plateau étant dans une position quelconque; on fait tourner la lunette de 180° autour de son axe; on retrouve le même pointé si l'axe optique est parallèle à l'axe de figure des collets supposés égaux ; par suite si l'axe optique se meut parallèlement au plateau. Si on ne retrouve pas le même pointé, on le cherche au

moyen des vis de la colonne et de la vis du réticule. Cette correction ne se fait que par une série de tâtonnements.

MIRES.

52. Une *mire* est un instrument destiné à évaluer les hauteurs dans les opérations du nivellement. Il y en a deux espèces : la *mire à voyant*, et la *mire parlante.*

1° MIRE A COULISSE ET A VOYANT.

(Fig. 13).

53. Elle se compose d'une règle en bois de 2 mètres de longueur, dans laquelle est pratiquée une rainure où peut glisser une autre règle ayant aussi une longueur de 2 mètres; elles sont divisées en centim. La règle extérieure se termine inférieurement par un talon en fer sur lequel on appuie le pied afin de maintenir la mire dans une direction verticale. Le *voyant* V est une plaque rectangulaire divisée en quatre rectangles égaux par deux lignes dont l'horizontale s'appelle *ligne de foi.* Les rectangles sont peints alternativement en blanc et en rouge. Le voyant est attaché à un collier glissant le long de la mire et pouvant être arrêté au moyen d'une vis de pression; il porte un vernier permettant d'évaluer les millim. La règle intérieure est terminée à sa partie supérieure par une tête ayant les dimensions transversales de la règle extérieure. Pour mesurer des hauteurs supérieures à 2 mètres, le voyant est fixé sur cette tête et on fait

glisser la règle intérieure dans sa coulisse. Cette mire présente l'inconvénient très-grave que l'opérateur doit se confier à son aide pour la lecture des hauteurs ; en outre, l'humidité empêche la règle intérieure de glisser. Aussi avec les niveaux à lunette doit-on employer la mire parlante.

2° MIRE PARLANTE A COULISSE.

(Fig. 14).

54. Elle a la même disposition que celle à voyant ; elle est partagée longitudinalement en deux colonnes divisées chacune alternativement en 5 bandes horizontales de 2^{cm} de largeur, successivement blanches et rouges ; dans les intervalles des 5 divisions de chaque colonne sont des chiffres renversés (à cause du renversement produit par la lunette), indiquant les décim. successifs.

55. Nota. Les mires à voyant et parlante sont dites *simples* quand elles n'ont pas de règle à coulisse ; leur hauteur est de 2^{m} ; elles sont peu employées.

56. Remarques. Le rayon visuel dirigé par l'observateur doit passer par le centre du voyant. Quand on emploie le niveau d'eau, le fil horizontal du réticule doit coïncider avec la ligne de foi du voyant ; quand on fait usage d'une lunette, il faut que l'aide place la mire verticalement en se servant d'un fil à plomb.

PROBLÈMES A RÉSOUDRE.

1. Trouver la distance horizontale Ab entre deux points A, B, sachant que la distance AB est égale à l et forme l'hypoténuse d'un triangle rectangle ABb dont on connaît la pente p ou le rapport de Bb à Ab.

2 Trouver la distance horizontale Ab entre deux points A, B connaissant l'angle $BAb = \alpha$ et la distance $AB = l$. SOLUTION : *L'angle* α *se mesure au moyen du niveau de pente. La longueur à retrancher* $x = 2\, l \sin^2 \frac{\alpha}{2}$.

3. Expliquer pourquoi le vernier du graphomètre donne des 30mes de demi-degré, ou des minutes.

4. Démontrer que quand le tube du niveau à bulle d'air a une courbure circulaire, la quantité dont la bulle se déplace, quand le plateau cesse d'être horizontal, est proportionnelle à l'angle du plateau avec l'horizon.

5. Démontrer que dans le niveau d'eau, les fioles doivent être de même diamètre pour que le plan des surfaces de l'eau des fioles ne change pas quand l'instrument fait un tour d'horizon.

6. Faire, au moyen de la boussole en un point d'une direction horizontale donnée, un angle donné avec cette direction.

7. Jalonner une droite avec l'équerre lorsque d'une extrémité on ne peut apercevoir l'autre.

8. Mener, à l'aide de la chaîne seule, la bissectrice d'un angle sur le terrain.

9. Mesurer une droite du terrain dont une extrémité est inaccessible : 1° Avec l'équerre et la chaîne ; 2° avec le graphomètre et la chaîne.

10. Mesurer une droite du terrain dont les extrémités seules sont accessibles : 1° Avec l'équerre et la chaîne ; 2° avec le graphomètre et la chaîne.

11. Mesurer une droite du terrain inaccessible : 1° Avec l'équerre et la chaîne ; 2° avec le graphomètre et la chaîne.

II

LEVER DES PLANS.

GÉNÉRALITÉS.

57. La *Topographie* a pour objet de représenter sur un plan une partie de la surface de la terre. La terre étant ronde ne peut être exactement représentée sur un plan. Cependant pour une petite étendue de la surface terrestre, cette représentation est suffisante, car il n'y a pas une différence de 3^{m} entre un arc terrestre et une tangente en son milieu ayant 100 Km. de longueur entre les verticales passant par les extrémités de l'arc considéré (*Prob.* 12).

58. Comme la verticale est la ligne la plus importante au point de vue de l'écoulement des eaux, du mouvement des corps, de la direction des arêtes des édifices, de la stabilité des constructions, on est convenu de représenter une contrée sur le plan perpendiculaire à la verticale du point central de cette contrée. Ce plan est appelé *plan de projection du lever topographique* ou *plan géométral*, parce que les divers points de la con-

trée y sont projetés par leurs verticales ; ou par des perpendiculaires au plan géométral, car les verticales des points du plan peuvent être considérées comme parallèles à la verticale du point central. Ce mode de représentation est l'objet du *lever des plans* ou *planimétrie*. Il fait connaître les projections horizontales des distances entre les points du terrain ; mais il ne donne aucune idée des accidents du sol. On est donc obligé de le compléter en exprimant le *relief* par les distances des points de la contrée représentée au plan géométral ou à un autre plan parallèle à ce dernier. Ces distances, appelées *cotes de hauteur*, s'obtiennent par le *nivellement*. Donc la topographie comprend deux opérations : la *planimétrie* et le *nivellement*.

59. On rapporte sur le papier les résultats de ces opérations pour faire un dessin appelé *carte topographique* du terrain, où ses diverses lignes sont réduites de telle sorte que la figure semblable à la projection de la contrée puisse tenir dans la feuille de papier choisie, et indiquer tous les détails utiles et nécessaires à la représentation complète du terrain. Les angles de la figure sont égaux à la projection de ceux du terrain ; ses diverses lignes sont proportionnelles à celles de cette projection.

60. On appelle *échelle* le rapport constant entre les droites du papier et les projections qu'elles représentent. Le mot *échelle* s'applique aussi à la ligne tracée au bas d'une carte topographique, et divisée en parties égales dont l'une représente l'unité de mesure des lignes horizontales du terrain. Si l'une de ces parties

est subdivisée en dix parties égales, de manière à donner les parties décimales de l'unité adoptée, l'échelle tracée s'appelle *échelle décimale.*

On adopte ordinairement les échelles décimales suivantes : $\frac{1}{2\,000}$ pour les plans spéciaux, telles que ceux de villes, canaux, places fortes ; $\frac{1}{10\,000}$ pour les contrées peu étendues ; $\frac{1}{20\,000}$ pour les levers de grandes surfaces ; $\frac{1}{40\,000}$ pour les travaux de la carte de France ; $\frac{1}{80\,000}$ pour sa gravure.

LEVER D'UN TERRAIN DE GRANDE ÉTENDUE.

61. Le *lever des plans* consiste dans un ensemble d'opérations effectuées pour déterminer les positions relatives des projections des points d'un terrain sur un plan horizontal mené par le point central du terrain.

62. *Pour faire le lever d'une contrée ayant une grande étendue*, on imagine un certain nombre de points reliés par des droites de manière à former une suite de triangles ayant au moins un côté commun. On dit qu'on opère par TRIANGULATION. Pour obtenir les éléments de ces triangles on mesure très-exactement un de leurs côtés, qu'on appelle *base*, les angles adjacents à cette base, et deux des angles des autres triangles. On peut ainsi les construire tous sur la carte topographique. Il faut choisir les triangles de telle sorte que leurs angles soient à peu près égaux, pour rendre minima les erreurs commises sur les côtés calculés, erreurs dépendant de celles inévitablement commises dans la mesure des angles sur le terrain. Les triangles

obtenus composent un *canevas* auquel on rapporte tous les autres points remarquables qu'on veut représenter sur la carte.

63. On ne mesure ordinairement qu'une ligne du terrain, la *base*, parce que la mesure exacte d'une distance est toujours une opération longue et difficile. Cette base est choisie vers le milieu de la surface à trianguler et autant que possible horizontale; si elle ne l'est pas, on la réduit à l'horizon, d'après sa pente ou d'après son angle d'inclinaison. Dans les opérations ordinaires on la mesure à la chaîne suivant son inclinaison; mais dans les opérations demandant une grande précision, on la mesure au moyen de règles en fer posées sur des chevalets les unes à la suite des autres le long de la base.

64. Les angles se mesurent sur le terrain avec le graphomètre; ou mieux avec le cercle répétiteur; puis, s'il est nécessaire, on les réduit à l'horizon par le procédé indiqué en Géométrie descriptive; on évite cette réduction et on obtient d'une manière plus précise la valeur des angles en faisant usage d'un théodolite. La *fig.* 15 représente une contrée polygonale ABCDEF, levée au moyen d'une série de triangles dont le premier est MNP et la base MN.

65. Les angles réduits à l'horizon se construisent sur le papier avec le rapporteur. Mais si on veut opérer avec une grande exactitude, on calcule les côtés par la trigonométrie, d'après la valeur des angles réduits, et on construit sur le papier les triangles d'après la connaissance de leurs trois côtés.

LEVER D'UN TERRAIN DE PETITE ÉTENDUE.

66. *Pour faire le lever d'un terrain de médiocre étendue,* on choisit autant que possible sur son contour les points principaux qu'on joint par des droites consécutives pour former un polygone, appelé POLYGONE TOPOGRAPHIQUE, qu'on lève avec soin, et auquel on rattache les points remarquables du terrain ; c'est à ces derniers qu'on rattache les détails. — Il arrive souvent, dans les petits levers, qu'on peut faire coïncider tous les côtés du polygone topographique avec ceux du polygone à lever.

67. Pour faire le lever d'un polygone topographique, des points remarquables et des détails du terrain, on peut employer divers instruments ; d'où il est résulté plusieurs méthodes caractérisées par la manière d'opérer et par les instruments employés.

1° LEVER PAR CHEMINEMENT

avec la Chaîne.

68. Cette méthode est très-longue. On mesure horizontalement avec la chaîne tous les côtés du polygone topographique ABCDEF. Pour mesurer un angle, on prend sur chacun de ses côtés, à partir de son sommet A, une certaine longueur AM, AN (*fig.* 16), on joint les points M et N ; on mesure la droite MN. On a les données suffisantes pour construire un triangle sem-

blable au triangle MAN. Toutes ces longueurs doivent être mesurées horizontalement. Les vérifications sont nombreuses; le polygone du papier, semblable à celui du terrain, doit se fermer de lui-même. Pour obtenir un point important du terrain on mesure les côtés d'un triangle formé en joignant ce point à deux points du contour; pour obtenir un point de détail on le relie à deux points importants. C'est ainsi qu'on rapportera sur le plan les points importants G, H, I; le point de détail J.

2° LEVER PAR CHEMINEMENT

avec la Chaîne et le Graphomètre.

69. On opère comme dans la méthode précédente, seulement les angles sont mesurés avec le graphomètre; si on ne peut les mesurer horizontalement, on les mesure dans leur plan, et on les réduit à l'horizon.

3° LEVER PAR LA MÉTHODE DES PERPENDICULAIRES

avec la Chaîne et l'Equerre.

70. Cette méthode est employée quand le terrain est horizontal. On prend pour *base* la plus grande diagonale AD du polygone topographique ABCDEFG (*fig.* 17); de chacun de ses sommets on mène à l'équerre des perpendiculaires, appelées aussi *ordonnées*, sur la base choisie; on mesure les distances entre le sommet A et les pieds de toutes ces perpendiculaires, ainsi que

leurs longueurs. Après avoir tracé une ligne *ad* représentant AD d'après l'échelle adoptée, et y avoir marqué les pieds des perpendiculaires, on construit des triangles et des trapèzes rectangles semblables à ceux formés sur le terrain, ce qui donne le plan du polygone topographique. Pour obtenir la position d'un point quelconque du terrain, on mène une perpendiculaire à la base ou à une autre droite connue ; on la mesure ainsi que la distance de son pied à un point connu.

4° LEVER PAR LA MÉTHODE DES INTERSECTIONS avec la Planchette.

71. On choisit dans l'intérieur du polygone topographique (*fig.* 18) une base MN d'où on puisse voir tous les points principaux du terrain et de manière qu'aucun point important ne soit sur son prolongement. On mesure cette base. On trace sur la planchette une droite *mn* représentant MN d'après l'échelle adoptée. On établit la planchette horizontalement à l'extrémité M de sorte que *m* soit sur la verticale de M et que *mn* soit dans la direction MN. On fixe en *m* une aiguille contre laquelle on appuie la ligne de foi de l'alidade et qui en est l'axe de rotation. On dirige des rayons visuels vers les sommets du polygone topographique et vers les points principaux à lever et on trace des droites sur la planchette le long de la ligne de foi dans ses diverses positions. Opérant de même au point M, on obtient des droites coupant celles qui leur correspondent en des points *a*, *b*, *c*, *d*, *e*, *f*, *g*, représentant les points A, B,

C..... du terrain. Pour obtenir les points secondaires on prend pour bases des côtés du polygone ou des droites connues. Cette méthode est très-expéditive, mais peu précise.

5° LEVER PAR LA MÉTHODE DES INTERSECTIONS
avec le Graphomètre.

72. On établit horizontalement le graphomètre aux points M et N et on mesure les angles ayant un de ces points pour sommet, la droite MN pour côté commun, et pour second côté les directions allant de M ou N aux divers sommets du polygone topographique ou aux points principaux. On obtient les points secondaires en prenant pour bases des côtés du polygone ou des droites connues. On a à construire sur le papier des triangles dont on connaît un côté et deux angles.

6° LEVER PAR RAYONNEMENT
avec la Planchette.

73. On choisit au centre du terrain un point O d'où on aperçoive tous les sommets du polygone topographique et les points principaux du terrain. On y établit horizontalement la planchette, sur laquelle on fixe l'aiguille en *o* dans la direction de la verticale du point O (*fig.* 19). On dirige l'alidade vers chaque sommet ou chaque point principal, on trace des droites le long de la ligne de foi; on fait mesurer les droites OA,

O B, ... du terrain ; on marque d'après l'échelle adoptée les longueurs *o a*, *o b*, ... sur la planchette. On obtient les points secondaires en prenant des stations en des points de position connue, et en opérant de même. Cette méthode est très-longue.

7° LEVER PAR RAYONNEMENT

avec le Graphomètre.

74. Les dispositions générales sont les mêmes que précédemment ; les angles sont mesurés sur le terrain avec le graphomètre ; le rapporteur sert à les construire sur le papier.

8° EMPLOI DE LA BOUSSOLE.

75. On peut, pour mesurer les angles, employer la *boussole* au lieu du graphomètre dans les levers par cheminement, par intersection ou par rayonnement ; mais les opérations qu'on fait ainsi sont peu précises ; aussi ne l'emploie-t-on guère que pour lever des détails.

REMARQUE IMPORTANTE.

76. Un habile praticien n'emploie jamais exclusivement l'une de ces méthodes ; il les combine pour arriver le plus rapidement et le plus exactement possible à lever un terrain. En résumé, voici ce que l'on fait ordinairement : 1° *Pour les levers très-étendus* et devant

être faits avec une grande précision, on opère par triangulation pour lever l'ensemble du terrain ; la base est mesurée avec soin ; les angles sont évalués avec le cercle répétiteur ou le théodolite ; les côtés sont calculés par la trigonométrie. 2° *Pour les levers peu étendus et pour ceux des détails d'une triangulation* on combine les méthodes exposées pour le lever d'un polygone topographique, en employant la chaîne et le graphomètre pour le contour ; la planchette ou le graphomètre pour les points principaux ; l'équerre et la boussole pour les détails.

EXEMPLES DE LEVERS.

77. *Pour lever un bois ou un lac*, on l'inscrit dans un polygone topographique qu'on lève par cheminement ; puis par la méthode des perpendiculaires, en prenant pour bases les côtés du polygone, on obtient un nombre suffisant de points pour déterminer le contour du bois ou du lac (*fig.* 20).

78. *Pour lever un cours d'eau sinueux*, on prend le long de son contour une série de droites formant une portion de polygone topographique ; puis par la méthode des perpendiculaires, en prenant pour bases les côtés de ce polygone, on obtient les points nécessaires pour le tracé des limites du cours d'eau (*fig.* 21).

CROQUIS D'UN LEVER.

79. Le croquis d'un lever est la figure du terrain faite à vue aussi exactement que possible. On y marque

toutes les mesures effectuées sur le terrain. On y joint s'il est nécessaire des tableaux contenant tous les renseignements que, pour plus de clarté, on n'inscrit pas sur le croquis. Le travail de cabinet se fait avec toutes les notes qu'on a prises.

LEVERS EXPÉDIÉS.

80. Les levers expédiés, faits en vue de l'ennemi dans les reconnaissances militaires, n'offrent que peu d'exactitude ; les distances sont mesurées au pas ; les sommets du polygone topographique et les points importants sont obtenus au moyen d'une planchette particulière portative par la méthode des intersections ; on emploie une petite boussole pour mesurer les angles.

APPLICATION DU LEVER DES PLANS A L'ARPENTAGE.

81. *Arpenter* un terrain, c'est en déterminer la surface. S'il a une forme définie géométriquement, on mesure sur le terrain les données nécessaires pour évaluer sa surface. Sinon, on lève le plan de ce terrain par les méthodes exposées précédemment, on en fait le dessin à une échelle convenable, et on mène sur le papier des lignes divisant le terrain en surfaces qu'on peut évaluer par les méthodes que donne la Géométrie plane. Si le terrain est terminé par une ligne courbe,

on applique la formule de Thomas Simpson pour calculer sa surface *.

ORIENTATION D'UN PLAN.

82. *Orienter* un plan, c'est indiquer la position de ses diverses parties relativement aux quatre points cardinaux. Il suffit pour cela de faire connaître l'angle de la projection de l'une de ses droites avec la méridienne du lieu, c'est-à-dire avec la direction Nord-Sud du lieu. On emploie, à cet effet, la boussole dont on place la ligne de foi NS parallèlement à la droite considérée, au moyen de la lunette latérale. La direction de l'aiguille est celle du méridien magnétique. Supposons que l'angle de déclinaison, c'est-à-dire l'angle de ce méridien et de celui du lieu soit 17° 34′, à l'Occident; si l'angle de l'aiguille avec la ligne de foi est de 38° 49′ vers l'Occident pour la pointe bleue, l'angle de la méridienne du lieu, avec cette ligne, est de

$$38^{\circ}\,49' - 17^{\circ}\,34' = 21^{\circ}\,15'.$$

Si l'angle de l'aiguille avec la ligne de foi est de 57° 53′ vers l'Orient, pour la pointe bleue, cet angle est de

$$57^{\circ}\,53' + 17^{\circ}\,34' = 73^{\circ}\,27'$$

Sur le plan, une flèche dont la pointe est tournée

* *Formule de Thomas Simpson.* — La base est divisée en un nombre pair de de parties égales a; les perpendiculaires ou ordonnées des points de division sont $y_0, y_1, y_2, y_3, y_4, \ldots\ldots y_n$. La formule donnant la surface est :

$$S = \frac{a}{3}\left[(y_0 + y_n) + 4\,(y_1 + y_3 + \ldots\ldots + y_{n-1}) + 2\,(y_2 + y_4 + \ldots\ldots + y_{n-2})\right]$$

vers le Nord, indique la direction de la méridienne. On fait quelquefois une rose des vents. On s'arrange, s'il est possible, de manière qu'un des côtés du cadre soit dans la direction de la méridienne.

SIGNES ET TEINTES CONVENTIONNELS.

83. Ils ont été établis par des Commissions nommées par le Gouvernement. Ils sont très-nombreux. La *Planche* II donne quelques-uns des signes employés quand le plan est trop petit pour représenter exactement les objets.

84. Voici quelques teintes adoptées :

Terres labourées, teinte brune de terre de Sienne calcinée. — *Vignes*, brun rouge. — *Prairies*, vert d'herbe. — *Verger*, vert plus faible. — *Forêts et bois*, jaune jonquille. — *Broussailles*, jaune paille panaché de vert. — *Landes*, vert olive. — *Sables*, aurore. — *Marais*, vert d'herbe panaché de bleu. — *Etangs, lacs, rivières, fleuves*, bleu léger. — *Mers*, bleu verdâtre. — *Bâtiments et constructions*, carmin.

PROBLÈME A RÉSOUDRE.

12. Trouver la valeur de la différence entre un arc terrestre ($R = 6367$ Km) et la tangente en son milieu ayant 100 Km de longueur entre les verticales passant par les extrémités de l'arc considéré.

III

NIVELLEMENT.

PLAN DE COMPARAISON.

85. La première chose à connaître pour figurer le relief, c'est la distance des points du terrain à une surface dite *surface de niveau.* Cette distance s'appelle *côte de hauteur* du point.

Comme la terre est ronde, la surface de niveau est parallèle à celle des mers; la hauteur au-dessus de cette surface s'appelle le *niveau vrai.* En topographie, où on n'opère que sur de médiocres étendues de terrain on peut, sans erreur sensible, remplacer cette surface courbe par un plan parallèle à son plan tangent au point central. Ce plan, appelé *plan de comparaison,* est le plus souvent choisi au-dessous de tous les points du terrain ; c'est, du reste, ce qu'ordonne une loi du 1er janvier 1858 pour les travaux de fortifications, dont les nivellements étaient faits précédemment en prenant un plan horizontal supérieur aux parties fortifiées. En hydrographie, il reste situé au-dessus des points nivelés ; car cette surface est celle de la mer. Pour la ville de Paris, il est à 50 mètres au-dessus du niveau du bassin de la Villette : c'est un plan de comparaison supérieur. Quand le plan de comparaison est *inférieur*, les points les plus élevés ont les cotes les plus hautes ; c'est le contraire quand le plan de comparaison est *supérieur*.

Nous ferons voir que l'erreur commise en mesurant une hauteur et en la rapportant au plan tangent au lieu de la rapporter à la surface courbe qui serait celle des mers prolongées sous les continents, on commet une erreur moindre que 44 millimètres pour une distance de 1000 mètres. Or, comme les instruments avec lesquels on opère ne permettent pas de viser à plus de 50 mètres ou de 250 mètres pour obtenir un plan perpendiculaire à la verticale de la station, on voit que les cotes que l'on prend à chaque station sont presque égales aux cotes vraies. L'ensemble de tous les plans tangents en chaque station forme la *surface de niveau générale*.

Le plan de comparaison est parallèle au plan géométral sur lequel tous les points du terrain sont projetés ; la *hauteur au-dessus de plan de comparaison est le niveau apparent*.

INSTRUMENTS DE NIVELLEMENT.

86. Les cotes de hauteur s'obtiennent par une opération appelée *nivellement*. Les instruments employés en topographie pour faire le nivellement sont le niveau d'eau et les niveaux à lunette (niveau à plateau). Le

premier doit être rejeté toutes les fois qu'il est possible ; car son pointé est désavantageux. D'après leur construction, ces instruments donnent des lignes ou des surfaces de niveau parallèles au plan horizontal de la station ; ils font connaître la différence de hauteur de deux points au-dessus de ce plan ; c'est-à-dire, la différence de niveau apparent ; ce qui suffit en topographie.

DIFFÉRENCE DU NIVEAU VRAI AU NIVEAU APPARENT.

87. Soit S une station à la surface de la terre (*fig.* 23); soit A un point à niveler ; la courbe sa, surface de la mer, est celle de niveau. Les verticales des points S et A sont So et Ao_1, allant se rencontrer au centre O de la terre. Menons le plan tangent en s ; il rencontre la verticale en a_1. Le niveau vrai est Aa ; le niveau apparent est Aa_1 ; leur différence $d = aa_1$; mais le triangle $a_1 sO$ est rectangle ; donc :

$$\overline{sa}_1^2 = aa_1 (aa_1 + 2R)$$

Cette différence est très-petite car la distance sa n'est jamais grande ; pour le niveau d'eau elle est presque nulle ; pour le niveau à lunette, si on a visé à une distance approchant de 250 mètres, il est bon d'en tenir compte.

On a : $$2R = \frac{40\ 000\ 000}{\quad} ;$$

d'où : $$d = \frac{\pi \times \overline{sa}_1^2}{40\ 000\ 000} = \frac{0,7854}{10\ 000\ 000} \overline{sa}_1^2.$$

88. Remarque. Pour faire la correction, on ne fait pas usage de cette dernière formule ; car il faut aussi tenir compte de la *réfraction astronomique*, qui consiste en ce que, quand on vise sur un point, la densité des couches atmosphériques croissant à mesure qu'on approche de la terre, on vise toujours un peu plus haut que ce point n'est réellement ; par conséquent on entache une hauteur d'une erreur qu'il faut retrancher de la hauteur lue. Or les expériences faites prouvent que cette erreur $x = 0,08\,d$; donc l'erreur en réalité commise en lisant une hauteur sur la mire est :

$$\varepsilon = d - x$$

$$\varepsilon = \frac{0,7226}{10\ 000\ 000} \overline{sa}_1^2.$$

CALCUL DES COTES.

89. La différence de hauteur de deux points suffit pour calculer les cotes de tous les points du terrain, car on connaît celle de l'un des points par rapport au plan de comparaison choisi ; cette cote connue s'appelle *cote de départ*. Elle peut être prise arbitrairement quand on fait un nivellement qui ne doit pas être rattaché à une autre opération. Toutes les fois qu'on le peut, la cote de départ est exprimée par rapport au

niveau moyen de la mer ; d'après les nivellements faits, on a reconnu que ce niveau est à peu près le même pour toutes les mers, ce qui a permis de le regarder comme étant une surface courbe continue.

DEUX ESPÈCES DE NIVELLEMENT.

90. L'opération fondamentale du nivellement consiste à déterminer la différence de niveau ou de hauteur de deux points pour déduire de la cote d'un des points celle de l'autre. Si on établit entre eux une station, c'est un *nivellement simple;* si on établit plusieurs stations, c'est un *nivellement composé.* Le nivellement composé est souvent fait par *rayonnement.*

Quand on connaît ces deux opérations, on est en état de faire un *profil* ou un *nivellement par rayonnement*, soit pour la représentation du terrain, soit pour les projets de routes, canaux, chemins de fer.

1° NIVELLEMENT SIMPLE.

91. Le *nivellement simple* est celui qu'on fait entre deux points dont la distance ne dépasse pas 100 mètres quand on opère avec le niveau d'eau, et 500 mètres avec la lunette ; parce que les distances auxquelles on peut bien viser avec ces instruments sont 50 et 250 mètres.

On établit l'instrument à peu près au milieu de la distance séparant les deux points à niveler A et B (*fig.* 24) ; un aide pose verticalement la mire en chacun de ces points, et l'opérateur dirige un rayon visuel sur le point central du voyant ; l'aide ou l'opérateur lit les deux hauteurs de mire aux points A et B. Soit a la hauteur lue en A, b la hauteur lue en B ; soit Ax le plan de comparaison passant par le point le plus bas A ; la différence de hauteur des deux points est BB_1. Or, $BB_1 = a - b$. Donc la *différence de hauteur de deux points s'obtient en retranchant l'une de l'autre les deux hauteurs lues sur la mire.*

92. Si on donne la cote h du point A, la cote du point B est : $h + (a - b)$; si on donne la cote h_1 du point B, celle du point A est : $h_1 - (a - b)$. D'où : *La différence des deux hauteurs est* AJOUTÉE *à la cote connue, ou en est* RETRANCHÉE, *selon que la hauteur du point de cote connue est plus* GRANDE *ou plus* PETITE *que celle de l'autre.*

93. Remarques. I. Pour avoir le niveau vrai il faut faire subir une correction au niveau apparent; on a donc pour cote cherchée :

$$h \pm [(a - \varepsilon) - (b - \varepsilon')]$$

ou :

$$h \pm [(a - b) - (\varepsilon - \varepsilon')].$$

Si la station est à égale distance des deux points nivelés, $\varepsilon = \varepsilon'$. On cherche toujours à réaliser cette condition pour n'avoir pas à tenir compte de la correction.

II. On n'est pas obligé de prendre la station sur la ligne des deux points ; il suffit d'établir l'axe de rotation du niveau bien vertical pour que le tube ou l'axe optique de la lunette décrive un plan horizontal.

2° NIVELLEMENT COMPOSÉ.

94. On fait un nivellement composé quand la distance des deux points A et B dont on veut avoir la différence de niveau est trop grande pour ne faire qu'une seule station ; alors on fait plusieurs stations, après avoir marqué plusieurs points C, D..... (*fig.* 25) sur la ligne à niveler, de sorte que la différence de hauteur entre ces points ne dépasse pas 4 mètres, hauteur maximum de la mire.

On s'établit à peu près à égale distance des points A et C, puis C et D, etc. ; on fait entre ces points un nivellement simple. On a ici trois stations qu'on n'est pas obligé de faire en plaçant l'instrument sur la ligne ACDB. Les hauteurs de mire, lues dans le sens de la marche *f*, s'appellent *coups avant;* les hauteurs lues en sens contraire, s'appellent *coups arrière;* on en tient compte de la manière suivante :

Points nivelés.	Coups avant.	Coups arrière.	Cotes.
A	»	a_1	h
C	c	c_1	»
D	d	d_1	»
B	b	»	h_1
Totaux...	s	s_1	

Comme ici on veut connaître la cote du point B, il est inutile de chercher les cotes intermédiaires ; la différence de hauteur entre A et B se compose de la somme algébrique des différences suivantes :

$$CC_1 = B_1B_2 = a_1 - c;$$
$$DD_2 = B_2B_3 = c_1 - d;$$
$$BB_3 = d_1 - b.$$

Faisant la somme de ces trois égalités membre à membre, on a :

$$BB_1 = a_1 - c + c_1 - d + d_1 - b,$$

ou : $$BB_1 = a_1 + c_1 + d_1 - (c + d + b),$$

ou : $$BB_1 = s_1 - s.$$

D'où : *la différence de hauteur entre deux points* A *et* B *est égale à la différence entre la somme des coups arrière et celle des coups avant.* Si cette différence est *positive*, B est plus élevé que A ; si elle est *négative*, A est plus élevé que B.

On déduit la cote h_1 d'un point B de la cote connue h de l'autre A, comme dans le cas d'un nivellement simple : $h_1 = h \pm (s_1 - s)$.

DES PROFILS.

95. *Lever le profil* d'un terrain, c'est chercher les cotes d'un certain nombre des points de l'intersection du terrain par des *plans verticaux formant une surface prismatique* ou par *des cylindres à génératrices verticales*. Pour faire un profil d'une ligne droite ou courbe

d'un terrain, on opère *par cheminement*, c'est-à-dire qu'on détermine par un *nivellement composé* les cotes des points remarquables de cette ligne. On s'est donné la *cote de départ*, ou bien elle résulte d'opérations antérieures.

96. *Si la ligne suivant laquelle on a nivelé est droite*, on imagine un plan vertical passant par cette ligne ; on mesure les distances horizontales séparant les points où la mire est placée, et on évalue les cotes de ces points ; puis, sur le plan géométral, on marque ces points et, à côté, leurs cotes.

97. Pour mieux faire voir les différences de hauteur des points situés sur un profil, il arrive souvent qu'on trace une droite sur laquelle on porte successivement les distances horizontales entre les points nivelés ; et aux extrémités de ces distances on mène à cette droite des perpendiculaires aux cotes. *Le profil de la ligne* est représenté par le trait continu joignant les extrémités de ces perpendiculaires. Si les différences entre les cotes sont très-petites, on prend quelquefois pour les cotes une échelle triple ou quadruple de celle adoptée pour les distances horizontales.

98. *Si la ligne suivant laquelle on a nivelé est brisée ou courbe*, on imagine une surface *prismatique* ou *cylindrique verticale* passant par cette ligne ; on mesure suivant la courbe les distances horizontales des points nivelés, et on évalue les cotes de ces points ; puis on les marque sur le plan géométral et, à côté, leurs cotes.

Pour mieux faire voir les différences de hauteur de ces points, il arrive souvent qu'on développe sur un plan, suivant une droite, les bases horizontales de la surface prismatique ou la section droite horizontale de la surface cylindrique, et aux points marqués, on mène à la développée des perpendiculaires proportionnelles aux cotes. Le trait continu joignant les extrémités de ces perpendiculaires représente le *profil de la ligne.*

Registre de nivellement.

99. Au fur et à mesure qu'on s'avance sur la ligne dont on fait le profil, il faut, pour éviter les confusions, inscrire dans un tableau les distances horizontales entre les points nivelés; les différences de hauteur entre ces points s'inscrivent dans un autre tableau à plusieurs colonnes où on marque les cotes des points soumis au nivellement. Ce tableau est appelé *registre de nivellement.* Voici un exemple de la forme généralement adoptée :

(1)	(2)		(3)		(4)	(5)
POINTS nivelés.	Coups de niveau.		Différences de niveau.		COTES.	OBSERVATIONS.
	arrière.	avant.	+	—		
1	2,43	»	»	»	60	
2	3,46	1,25	1,18	»	61,18	
3	2,38	1,67	1,49	»	62,67	
4	1,45	3,35	»	0,97	61,70	
5	2,15	2,78	»	1,33	60,37	
6	»	3,57	»	1,42	58,95	
			2,67	3,72	60	
				2,67	58,95	
				— 1,05	1,05	

On inscrit les différences dans la colonne (—) quand le coup avant surpasse le coup arrière, et dans la colonne (+) quand le coup arrière surpasse le coup avant. La première cote est supposée donnée; pour la deuxième, on ajoute algébriquement à la première cote la différence inscrite dans l'une des colonnes (3); pour la troisième, on ajoute algébriquement cette différence à la deuxième cote; etc. *Vérification*: La différence entre la somme des (+) et la somme des (—) égale la différence entre la première et la dernière cote.

NIVELLEMENT PAR RAYONNEMENT.

100. Après avoir nivelé par cheminement les côtés du polygone topographique et avoir fait des profils dans le terrain distants de 500 mètres, on détermine les cotes de points remarquables intermédiaires *par rayonnement* en choisissant des stations d'où on aperçoive plusieurs points parmi lesquels il faut toujours faire entrer un point dont la cote est connue. On détermine la cote du *plan de niveau* de cette station en ajoutant la hauteur lue sur la mire à la cote connue de ce point; et c'est de cette cote du plan de niveau qu'on déduit les cotes de tous les points nivelés, en *retranchant de la cote du plan de niveau* les coups de niveau ou les hauteurs lues aux divers points. Voici le tableau fait dans le cas d'un nivellement par rayonnement :

(1) STATIONS	(2) Points nivelés.	(3) Coups de niveau.	(4) Cotes des plans de niveau.	(5) Cotes des points nivelés.	(6) OBSERVATIONS.
O	A	2,37		63,15	
	1	3,15		62,37	
	2	1,92	65,52	63,60	
	3	2,55		62,97	
	4	3,87		61,65	
O_1	4	1,28		61.65	
	5	2,42	62,93	60,51	
	6	1,17		61,76	
	7	3,29		59,64	

On obtient 65,52 cote du plan de niveau de la station O, en ajoutant 2,37 coup de niveau sur A à 63,15 cote connue du point A. La cote de 1 est 65,52 — 3,15 = 62,37 ; la cote de 2 est 65,52 — 1,92 = 63,6. On inscrit ces cotes dans la colonne (5).

La cote du point 4 étant 61,65 et le coup de niveau sur 4 de la station O_1 étant 1,28, la cote du plan de niveau de O_1 est 61,65 + 1,28 = 62,93. On obtient, comme précédemment, les cotes des points 5, 6, 7, inscrites dans la colonne (5). Et ainsi de suite.

On vérifie les opérations en prenant plusieurs points communs à deux groupes consécutifs.

NIVELLEMENT D'UN PROFIL PAR RAYONNEMENT.

101. Pour établir un profil, on opère *par rayonne-*

ment, au lieu d'opérer *par cheminement,* quand d'une station on peut viser sur plusieurs points situés sur le profil. A la station suivante le premier coup de niveau est donné sur le dernier point nivelé de la station que l'on quitte.

Ainsi, supposons que les points situés sur le profil d'un terrain sont A, 1, 2, 3, 4, 5, 6, 7 ; et que d'une station O on peut viser sur A, 1, 2, 3, 4, ce qui donne les cotes inscrites dans la colonne (3). En ajoutant à la cote connue 63,15 de A, le coup de niveau 2,37 sur A on obtient la cote 65,52 du plan de niveau de la station O ; et on calcule, comme précédemment, les cotes de la colonne (5).

On s'établit ensuite en une station O_1 d'où on peut viser sur le dernier point 4 et sur d'autres consécutifs 5,6,7. On ajoute 1,28 à 61,65 pour avoir 62,93 et calculer les cotes de la colonne (5). Et ainsi de suite.

REMARQUE

relative aux résultats du nivellement.

102. On prend la différence de niveau des points par rapport à une série de plans normaux à la verticale de la station (le plan de l'instrument) ; leur ensemble constitue la surface de niveau vraie du terrain. Mais comme on fait toujours entrer parmi les points d'une station un point appartenant à une station antérieure sont la cote est connue, on a bien la hauteur de chacun des points au-dessus du plan de comparaison.

USAGES DES LEVERS DE PROFILS.

103. Les levers de profils sont employés pour aider à exprimer le relief du terrain, pour le tracé des routes, canaux, chemins de fer.

NIVELLEMENT EXPÉDIÉ.

104. Lorsqu'on veut obtenir exactement les cotes de hauteur des divers points d'une contrée, on pratique les opérations du nivellement comme il vient d'être expliqué. Mais quand on se contente d'un *lever expédié*, on fait aussi un *nivellement expédié*, en mesurant les inclinaisons au moyen d'un niveau à perpendiculaire gradué analogue à celui de Delambre. Mais on conçoit que les opérations ainsi exécutées ne sont guère exactes. Remarquons enfin que dans les nivellements d'une très-grande contrée, où on ne doit tenir compte que des accidents de terrain les plus remarquables, on emploie pour mesurer les cotes de hauteur des instruments appelés *clisimètres* donnant la pente des lignes du terrain. Cette manière d'opérer est plus rapide que celle exposée ici ; mais comme elle ne peut être employée pour les nivellements qu'il est nécessaire de faire le plus souvent, il n'entre pas dans le cadre d'un ouvrage élémentaire d'en parler.

IV

PLANS COTÉS.

GÉNÉRALITÉS.

105. *Les plans cotés sont des figures planes sur lesquelles les points de l'espace sont représentés par leur projection sur le plan horizontal à côté de laquelle est écrite leur distance à ce plan horizontal.* Cette distance s'appelle *cote* du point.

Le plan horizontal se nomme *plan de comparaison* ; il peut être pris au-dessus ou au-dessous des corps à représenter ; nous le supposons situé au-dessous du point le plus bas du corps que l'on représente.

Lorsque le plan de comparaison est la surface indéfinie de la mer, les hauteurs au-dessus de cette surface se nomment *altitudes*.

106. La méthode des plans cotés est la seule employée pour représenter les corps en topographie et en fortification. Cela est facile à expliquer : sur la projection horizontale d'un terrain, il est toujours possible de représenter les projections horizontales de ses divers points sans que ces projections se confondent ; mais

comme ordinairement les distances des points au plan horizontal sont peu différentes les unes des autres, il y aurait superposition d'un grand nombre de projections verticales de points ; ou bien il y aurait confusion dans les projections verticales des points représentés, si on employait un plan vertical de projections.

POINT.

107. *Un point est déterminé par sa projection horizontale cotée* ; par exemple : $a_{12,7}$. En effet, on connaît sa position sur le plan horizontal et sa distance à ce plan. Les distances au-dessus du plan de comparaison sont positives ; celles au-dessous, négatives ; mais on suppose toujours le plan de comparaison assez bas pour n'avoir que des distances positives. On écrit à côté de la projection horizontale d'un point sa cote ; $a_{12,7}$ signifie que le point A est à $12^{m},7$ au-dessus du plan de comparaison. Sur les plans les cotes sont inscrites en rouge à côté du point correspondant.

LIGNE DROITE.

108. Une droite étant déterminée quand on connaît deux de ses points, *il suffit, pour représenter une droite* AB *de l'espace sur un plan coté, de marquer sa projection* ab *et à côté des points* a *et* b *leur cote* : $a_{2,3}$; $b_{9,5}$ (*fig.* 26).

109. REMARQUE. Comme les surfaces représentées par les plans cotés sont très-grandes, on réduit toutes

les longueurs horizontales du terrain en adoptant une certaine échelle ; de sorte que quand une droite de l'espace AB est représentée par $a_{2,3}$; $b_{9,5}$ on obtient la vraie distance horizontale ab en mesurant ab avec l'échelle du plan.

Aucune épure de plans cotés ne doit être faite sans échelle. Nous adoptons ici l'échelle $\frac{1}{200}$.

Graduation d'une droite.

110. La projection horizontale cotée d'une droite est ordinairement *graduée*, c'est-à-dire qu'on indique sur la projection horizontale les points ayant des cotes entières consécutives différant de 1 *mètre*. La distance horizontale entre deux points dont les cotes entières diffèrent de 1 *mètre* s'appelle *intervalle*, désigné par i. L'intervalle de la droite ab est (*fig.* 26) :

$$i = \frac{ab}{9{,}5 - 2{,}3} \quad \text{ou} \quad i = \frac{ab}{Bb - Aa}.$$

Si $ab = 8^m{,}28$, on trouve : $i = 1^m{,}15$. On cherche d'abord le point c où la cote est 3^m.

On a : $ac = i\,(3 - 2{,}3) = 1{,}15 \times 0{,}7 = 0^m{,}805$.

Puis, à partir du point c, on porte successivement la distance $1^m{,}15$ à l'échelle du plan, ce qui donne les points ayant pour cotes, 4, 5, 6, 7, 8, 9. L'un des intervalles est subdivisé en 10 parties égales.

Pente d'une droite.

111. On appelle *pente d'une droite* la hauteur dont

on s'élève ou dont on s'abaisse *verticalement* quand on s'avance *horizontalement* de 1 *mètre*.

Soit une droite AB (*fig*. 27) ; sa projection horizontale est ab ; soit $ad = 1^{m}$; DD_1 est la hauteur verticale dont on s'est élevé ; $AD_1 = ad = 1$ mètre ; donc :

$$p = \frac{DD_1}{AD_1};$$

ou : $$p = \frac{DD_1}{AD_1} = \frac{BB_1}{AB_1} = \frac{Bb - Aa}{ab}$$

expression indiquant que la *pente est l'inverse de l'intervalle* :

$$p = \frac{1}{i} \text{ ou } p \times i = 1.$$

Dans l'exemple donné $i = 1^{m},15$; donc $p = 0,869$.

112. On peut encore dire que la pente est le *rapport de la hauteur à la base* ; en appelant *hauteur* la différence $Bb - Aa$ des cotes de B et A ; *base*, la projection ab de AB.

113. Soit α l'angle que la droite fait avec le plan horizontal ; on a :

$$p = \frac{BB_1}{AB_1} = \text{tang } \alpha.$$

Donc on peut encore définir ainsi la pente : *La pente d'une droite est la tangente trigonométrique de l'angle que cette droite fait avec le plan horizontal.*

Quand la hauteur égale la base, ou quand $\alpha = 45^{\circ}$, l pente égale 1; quand $\alpha = 0^o$, la pente est nulle; quand $\alpha = 90^o$, la pente est infinie. Ici on a :

$$\log \tang \alpha = \log p = \log 100 - \log 115 = \bar{1},93930.$$

D'où : $\alpha = 41^o\ 0'\ 32''$.

114. NOTA : La projection horizontale graduée d'une droite est appelée *échelle de pente de la droite.* Exemple : ab (*fig.* 26).

PROBLÈME.

115. *Déterminer la vraie distance entre deux points donnés par leurs projections cotées.*

Il s'agit de déterminer AB connaissant $a_{2,3}$; $b_{9,5}$; $ab = 8^m,28$ mesuré à l'échelle. Le triangle rectangle BAB_1 (*fig.* 27) donne :

$$AB = \sqrt{\overline{ab}^2 + (Bb - Aa)^2} = 10^m,97.$$

116. NOTA. On pourrait résoudre cette question par rabattement sur le plan de comparaison ; en général, il est facile d'appliquer la méthode des rabattements dans les problèmes de plans cotés, puisque les cotes indiquent les distances des points au plan horizontal ; et si les cotes sont trop grandes, on effectue le rabattement sur un plan horizontal convenablement choisi.

PROBLÈME.

117. *Une droite étant donnée par la longueur de projection* $ab = 8^m,28$ *entre deux de ses points cotés*

a 2,3 ; b 9,5 ; *trouver la cote d'un point* M *dont on connaît la projection horizontale* m.

1° SOLUTION AVEC L'ÉCHELLE DE PENTE. On gradue la droite, si elle ne l'est déjà (*fig.* 26). Supposons que m soit entre 7 et 8; on prend la distance $7m$ que l'on porte sur les subdivisions de l'intervalle; si cette distance en comprend 4, la cote du point M est $7^m,4$. Les centimètres s'évaluent à l'œil.

2° SOLUTION GRAPHIQUE. On construit à l'échelle du plan le trapèze $abBA$ (*fig.* 27); on mène sur ab la perpendiculaire mM qu'on mesure à cette échelle.

3° SOLUTION ALGÉBRIQUE. Construisons le trapèze $abBA$; marquons le point M (*fig.* 27) ; menons par M une parallèle A_2MB_2 à ab ; les deux triangles semblables AMA_2, BMB_2 donnent :

$$\frac{BB_2}{AA_2}=\frac{MB_2}{MA_2} \quad \text{ou} \quad \frac{Bb-Mm}{Mm-Aa}=\frac{ab-am}{am} \qquad (1)$$

L'inconnue est Mm ; on trouve :

$$Mm=Aa+\frac{am}{ab}(Bb-Aa)$$

$$\text{ou :} \qquad Mm=Aa+am\times p \qquad (2).$$

118. REMARQUE. L'égalité (1) peut s'écrire :

$$\frac{mb}{ma}=\frac{Bb-Mm}{Mm-Aa} \quad \text{ou} \quad \frac{ab}{ma}=\frac{Bb-Aa}{Mm-Aa}.$$

D'où on tire le THÉORÈME suivant : *Le rapport des*

distances des projections de trois points est égal au rapport des différences des cotes de ces points.

PROBLÈME.

119. *Une droite étant donnée par la longueur de projection* ab $= 8^m,28$ *comprise entre deux de ses points cotés* $a_{2,3}$; $b_{9,5}$; *trouver la projection* m *d'un point* M *dont la cote* 7,4 *est donnée.*

1° SOLUTION AVEC L'ÉCHELLE DE PENTE. On remarque que pour $\frac{1}{10}$ de mètre d'élévation, on s'avance sur ab de $\frac{1}{10}$ de l'intervalle i. Donc on prend 0,4 sur l'échelle de pente et on porte cette distance sur ab à partir de 7, ce qui donne le point cherché $m_{7,4}$ (*fig.* 26).

2° SOLUTION GRAPHIQUE. On construit le trapèze abBA (*fig.* 27) ; on prend $b B_2 = 7^m,4$ à l'échelle du plan ; par B_2 on mène à ab la parallèle B_2M ; la perpendiculaire Mm sur ab donne le point cherché $m_{7,4}$.

3° SOLUTION ALGÉBRIQUE. Construisons le trapèze abBA ; supposons le problème résolu, et le point M connu ; menons la parallèle A_2MB_2 à ab ; on peut obtenir les formules (1) et (2) où am est inconnue.

On tire am de (1) ou mieux de (2) :

$$am = (Mm - Aa) \frac{ab}{Bb - Aa}$$

ou : $$am = (Mm - Aa)\, i \qquad (3)$$

PROBLÈME.

120. *Par un point donné* a 6,8 *mener une droite de pente donnée* $\frac{5}{8}$ *et de direction donnée* a x (*fig.* 28).

Il suffit de trouver l'intervalle de la droite. On a :

$$i = \frac{8}{5} = 1^{m},6.$$

Soit C le point de cote 7.

On a : *ac* (7 — 6,8) *i* = 0,32 ;

D'où le point *c* 7.

On porte *cd* = *de* = 1,6^m à l'échelle du plan ; d'où les points de cote 8, 9, etc.

THÉORÈME.

121. *Quand deux droites sont parallèles* :

1° *Leurs projections horizontales sont parallèles ;* car ce sont les intersections de deux plans parallèles (les plans projetants) par un troisième (le plan horizontal) ;

2° *Leurs pentes sont égales* ; car ces droites font le même angle avec le plan horizontal ; *leurs intervalles sont donc égaux ;*

3° *Leurs cotes sont numérotées dans le même sens.*

PROBLÈME.

122. *Par un point donné* c 7,9 *mener une droite parallèle à une droite donnée* a 5,8 ; b 10,5 (*fig.* 29).

On mène à ab la parallèle cx. L'intervalle de ab est :

$$i = \frac{ab}{10,5 - 6,8}.$$

La droite cherchée ayant même pente, son intervalle est le même i. On peut avoir la valeur de i, car ab peut être mesuré à l'échelle du plan.

PROBLÈME.

123. *Reconnaître si deux droites cotées se coupent et déterminer la cote de leur point d'intersection.*

Il faut que leurs projections ab, cd se coupent en un point h ayant la même cote sur les deux droites, ce que l'on reconnaît en les graduant (*fig.* 30).

124. Remarque. Si le point de rencontre des projections ab, cd n'est pas dans les limites de l'épure (*fig.* 30), on joint deux à deux les points f, f_1 ; g, g_1 de même cote est différant de 1 mètre ; si ces lignes sont parallèles, ce sont des horizontales d'un même plan dans lequel sont les deux droites données, qui par suite se coupent. On mesure à l'échelle du plan $ff_1 = 22,5$, $gg_1 = 15$.

Soit h la projection du point de rencontre des droites considérées ; les triangles semblables fhf_1, ghg_1 donnent :

$$\frac{ff_1}{gg_1} = \frac{fh}{gh}; \text{ d'où } \frac{ff_1 - gg_1}{gg_1} = \frac{fh - gh}{gh};$$

d'où : $$\frac{7,5}{15}=\frac{1}{gh}\,;\ \text{d'où}\ gh=2.$$

Donc la cote cherchée du point projeté en h est 9, car celle de celui projeté en g est 11.

LE PLAN.

125. La Géométrie démontre qu'un plan est déterminé par trois points, par un point et une droite, par trois droites se coupant deux à deux, par deux droites parallèles. En Géométrie descriptive, un plan est ordinairement représenté et déterminé par ses traces sur les deux plans de projections.

Dans la méthode de représentation des figures par les projections cotées de leurs points, autrement dit, dans la *méthode des plans cotés*, un plan est représenté de deux manières :

1° *S'il s'agit d'un polygone*, par la projection de son périmètre coté à ses sommets ; et par des lignes parallèles entre elles joignant des points de même cote du périmètre ; ces lignes sont des horizontales du plan.

2° *S'il s'agit d'un plan illimité*, par la projection *cotée* et *graduée* d'une de ses *lignes de plus grande pente*, appelée *échelle de pente du plan*, et distinguée des autres droites du plan en *doublant* le trait qui la représente.

PROPRIÉTÉ.

126. *La perpendiculaire à toutes les horizontales d'un plan est la ligne suivant laquelle la pente du plan est la plus grande; de là son nom de ligne de plus grande pente du plan.*

En effet, soit un plan P, dont l'intersection avec le plan horizontal H est AB (*fig.* 31); toutes les horizontales du plan sont les lignes h parallèles à AB. Menons CD perpendiculaire commune à toutes ces lignes. Le point D a pour projection horizontale d; la pente de CD est donc :

$$p = \frac{Dd}{Cd}.$$

Soit une autre droite DE du plan P projetée en Ed ; sa pente est :

$$p_1 = \frac{Dd}{Ed}.$$

Or, Cd est perpendiculaire sur AB ; donc Cd est plus petit que Ed ; par suite p est plus grand que p_1. Donc CD est bien la ligne de plus grande pente du plan.

PROPRIÉTÉ.

127. *La projection cotée d'une des lignes de plus grande pente d'un plan détermine ce plan.*

En effet, cette projection représente une droite du plan ; une perpendiculaire menée à cette projection est la projection d'une horizontale du plan ; on a donc deux droites du plan qui se coupent et le déterminent.

128. REMARQUE. *Un plan horizontal* est représenté par son périmètre dont tous les sommets ont même cote, ou bien par la projection cotée d'un de ses points. *Un plan vertical* est représenté par sa trace horizontale.

PROBLÈME.

129. *Reconnaître la position d'un point donné par rapport à un plan donné par son échelle de pente.*

Soit un plan donné par son échelle de pente $a\,b$ et un point c de cote connue (*fig.* 32) ; de c je mène la perpendiculaire cd à l'échelle de pente ab ; elle la rencontre au point $d_{6,7}$. La ligne cd peut être considérée comme une horizontale du plan mené par le point $d_{6,7}$. Par suite, si la cote donnée est 6,7, le point de l'espace C est sur le plan ; si elle est 7,3, C est au-dessus du plan ; si elle est 5,4, C est au-dessous du plan.

130. REMARQUE. C'est par ce procédé, c'est-à-dire en menant une horizontale $e\,f$ du plan par un point $e_{8,4}$ qu'on trouve sur un plan un point f ayant cette cote donnée 8,4.

PROBLÈME.

131. *Trouver la pente d'un plan dont on connaît l'échelle de pente.*

On gradue l'échelle de pente du plan; le problème revient à trouver la pente d'une droite graduée. On a, i étant l'intervalle de l'échelle donnée (*fig.* 32) :

$$p=\frac{1}{i}\ ;\ \text{ici}\ p=\frac{1}{12}.$$

PROBLÈME.

132. *Faire passer un plan par trois points donnés par leurs projections cotées.*

Soient les points $a_{4,6}$; $b_{10,3}$; $c_{11,7}$ (*fig.* 33). Je joins $ab = 7^m,98$ que je gradue :

$$i=\frac{7,98}{10,3-4,6}=1,4.$$

On cherche sur ab le point $d_{7,4}$; la ligne cd est une horizontale du plan cherché. La perpendiculaire double mn à cd est l'échelle de pente du plan donné ; on la gradue en menant par les points 5, 6, 7, 8, 9 des parallèles à cd.

PROBLÈME.

133. *Par deux points donnés* $a_{7,8}$; $b_{4,4}$ *faire passer un plan ayant une pente donnée* $p=\frac{17}{21}$.

Supposons le problème résolu ; soit un plan horizontal passant par b, et soit bd la trace horizontale du plan à construire ; c'est une horizontale de ce plan.

Menons ad perpendiculaire sur bd. Le point d ayant pour cote 4,4 la pente de A D, ou celle du plan cherché, est :

$$p = \frac{7,8 - 4,4}{ad}\ ; \text{ ou } \frac{17}{21} = \frac{3,4}{ad}\ ; \text{ d'où } ad = 4,2.$$

Donc il suffit de décrire une circonférence de centre a et de rayon $ad = 4^{m},2$; de lui mener par b une tangente bd qui est une horizontale du plan cherché ; on joint ad qu'on double ; l'échelle de pente du plan cherché est ad. On la gradue en menant par les points de division de la droite ab des parallèles à bd.

Discussion. Quand $ad < ab$, on peut mener deux tangentes au cercle décrit ; il y a deux horizontales bd, bd_1, par suite deux solutions. Si $ad = ab$, le cercle décrit passe par b ; il n'y a qu'une solution : alors ab est la ligne de plus grande pente du plan. Si $ad > ab$, le point b est dans le cercle décrit ; il n'y a pas de solution.

PROBLÈME.

134. *Par un point* $a_{15,6}$ *situé sur un plan donné par son échelle de pente* mn, *tracer sur ce plan une droite de pente donnée* $p = \frac{3}{5}$ (*fig*. 35).

Traçons une horizontale 12 quelconque du plan donné. Supposons le problème résolu, et soit ab la droite cherchée ; on a :

$$\frac{3}{5} = \frac{15,6 - 12}{ab}\ ; \text{ d'où } ab = 6^{m}.$$

De a comme centre, avec un rayon $ab=6$ on décrit un arc coupant l'horizontale 12 en deux points b, b_1 : il y a deux solutions ab, ab_1 ; si l'arc décrit est tangent à l'horizontale 12, il y a une solution ; s'il ne la coupe pas, il n'y a point de solution.

APPLICATIONS.

135. Lorsqu'un terrain peu étendu peut être considéré comme plan, le problème (*n*° 131) sert à trouver la direction suivant laquelle a lieu l'écoulement le plus rapide des eaux, car cette ligne est la ligne de plus grande pente du plan. Il suffit de faire un nivellement par rayonnement sur trois points du plan. — Le problème (*n*° 132) sert à établir la direction d'un chemin ou d'un fossé. — Ces problèmes sont appliqués pour faire les travaux d'irrigation et de drainage.

PROBLÈME.

136. *Construire l'intersection de deux plans donnés par leurs échelles de pente.*

Soient deux plans donnés par leurs échelles de pente graduées mn 15 ; 10 ; rs 14 ; 9 (*fig.* 36). Les projections de deux horizontales de chaque plan passant par des points de même cote 14 et 11 se coupent en a et b ; la droite ab est la projection de l'intersection cherchée des deux plans. On la gradue en remarquant qu'il suffit de mener des horizontales 13, 12,..... de l'un des plans.

137. Voici deux CAS PARTICULIERS.

1° *Les échelles de pente des deux plans donnés sont parallèles.* On emploie un plan auxiliaire coupant les deux plans donnés chacun suivant une droite ; les deux projections ainsi obtenues se coupent en un point commun aux deux plans ; la parallèle menée par ce point aux horizontales des deux plans est la projection de leur intersection. Soient aa_1 14 ; bb_1 11 deux horizontales du plan auxiliaire P (*fig.* 34) ; on les prend à volonté pour obtenir aisément l'intersection de P avec les deux plans donnés *mn*, *rs*. L'intersection de P et de *mn* est *c* 14 ; *d* 11 ; celle de P et de *rs* est *e* 14 ; *f* 11 ; les lignes *cd*, *ef* se coupent au point *g* 12,4. La perpendiculaire *gh* aux deux échelles de pente est l'intersection cherchée des deux plans donnés.

2° *Les projections des horizontales des deux plans donnés se rencontrent en dehors des limites de l'épure.* On emploie alors deux plans sécants auxiliaires. — Nous laissons au lecteur le soin de faire les constructions relatives à ce cas particulier.

PROBLÈME.

138. *Déterminer l'intersection d'une droite et d'un plan.*

La droite est *ab* ; le plan *cd* (*fig.* 38) ; tous deux sont gradués. Par les points cotés 16 et 13, par exemple, de chacune de ces lignes, on leur mène des perpendiculaires se coupant en *m* et *n* ; c'est comme si par *ab* on faisait passer un plan auxiliaire coupant le plan donné suivant *mn* ; or *mn* rencontre *ab* en $g_{15,3}$ qui est la projection du point d'intersection de la droite et du plan.

Nota. — Il suffit même que les droites menées par les points 16 et 13 de *ab* soient parallèles entre elles, car la solution générale du problème consiste à faire passer un plan auxiliaire par la droite donnée.

THÉORÈME.

139. *Deux plans parallèles ont leurs échelles de plus grande pente parallèles ; leurs pentes et par suite leurs intervalles sont égaux; leurs cotes croissent dans le même sens.*

La démonstration est analogue à celle donnée pour les droites parallèles (*n*° 121).

PROBLÈME.

140. *Par un point donné, mener un plan parallèle à un plan donné.*

Par le point donné, on mène une parallèle à l'échelle de pente du plan donné ; on la gradue dans le même sens et avec le même intervalle que cette échelle ; cette ligne graduée est l'échelle de plus grande pente du plan cherché.

THÉORÈME.

141. *Lorsqu'une droite est perpendiculaire à un plan :*
1° *Sa projection est parallèle à celle de la ligne de plus*

grande pente du plan ; 2° Sa pente est inverse de celle du plan ; 3° Leurs cotes croissent en sens inverse.

1° Soit un plan P (*fig.* 39) ; sa ligne de plus grande pente est AB projetée en aB sur le plan horizontal H ; soit CD une perpendiculaire au plan P rencontrant le plan horizontal en h et se projetant sur aB. Or, une droite quelconque perpendiculaire à P est parallèle à CD, et a sa projection parallèle à ab projection de CD ; donc sa projection est parallèle à celle de l'échelle du plan.

2° Les angles $ABa = \alpha$ et $BhC = \alpha_1$ sont complémentaires. Or, la pente de $AB = \text{tang}\,\alpha$; la pente de $CD = \text{cotang}\,\alpha$. Mais on sait que : $\text{tang}\,\alpha = \frac{1}{\text{cotg}\,\alpha}$; donc les pentes des deux droites AB et CD sont inverses.

3° La figure montre que les droites aB et hB projections de AB et de CDh doivent être graduées en sens inverse.

REPRÉSENTATION DES LIGNES COURBES.

142. Une ligne courbe se représente par les projections cotées d'une série de points suffisamment rapprochés.

REPRÉSENTATION DES SURFACES COURBES.

143. Les surfaces courbes peuvent se représenter avec les mêmes données qu'en Géométrie descriptive.

On peut résoudre sur la représentation des surfaces courbes par la méthode des plans cotés les problèmes relatifs à leurs plans tangents et à leurs intersections.

REMARQUE

sur l'emploi général de la méthode des plans cotés.

144. Toutes les questions traités en Géométrie descriptive peuvent se résoudre par la méthode des plans cotés. Nous avons résolu celles qui sont utiles ; nous avons du reste indiqué la solution de quelques questions dans les *Problèmes à résoudre.*— D'ailleurs la méthode ne s'applique guère qu'à la représentation des surfaces irrégulières qui se présentent en topographie et en fortification.

PROBLÈMES A RÉSOUDRE *.

13. Trouver la trace d'une droite graduée sur le plan de comparaison ; $ab = 21$; les cotes de A et B sont 5,2 et 12,7.

14. Graduer une droite dont on ne connaît la projection $ab =$ 23, la pente 2/7 et la cote 7,8 du point A.

15. Trouver le point d'intersection de deux droites situées dans le même plan vertical. — *On fait un rabattement.*

* Pour tous ces problèmes il faut, quand l'énoncé ne les contient pas, se donner les cotes des points ; les distances horizontales entre les points ; les angles des projections des droites ; graduer les droites et les échelles de pente ; et trouver la graduation ou la cote des résultats demandés. — L'unité de mesure adoptée dans ces problèmes est le mètre.

16. Faire passer un plan par deux droites cotées parallèles AB et CD : 1° Les cotes de A, B, C, D sont 5,3 ; 9,4 ; 6,2 ; 11,7. 2° Les deux droites sont horizontales et ont pour cotes 7,6 et 11,3. La distance sur le plan entre ab et cd est de 6 mètres.

17. Mener par une droite donnée horizontale un plan de pente donnée p ; les cotes de a et b sont 3,2 et 7,6 ; $p = 3/7$; $ab = 17,6$. SOLUTION : *On mène une perpendiculaire à cette droite et on la gradue suivant la pente donnée.*

18. Trouver et graduer l'intersection de deux plans donnés par leurs échelles de pente quand :

L'un des plans est vertical ou horizontal, l'autre quelconque ;

19. — Les deux plans sont verticaux ;

20. — L'un des plans est horizontal, l'autre vertical.

21. — Les deux plans sont donnés par deux de leurs horizontales; résoudre ce cas sans construire les échelles de pente.

22. Trouver et graduer l'intersection de deux plans donnés par leurs échelles de pente lorsque la rencontre des horizontales n'a pas lieu dans les limites de l'épure.

23. *Théorème.* — Si par deux droites également inclinées, on mène deux plans de manière que leurs traces fassent des angles égaux avec les droites données, ces deux plans ont même pente.

24. On donne deux plans par les projections et les cotes de trois de leurs points. Figurer les projections de leur intersection. Trouver sa pente. Les deux plans sont représentés par les projections a, b, c; a, d, e formant les sommets de deux triangles équilatéraux dont les bases sont dans le prolongement l'une de l'autre. Leurs cotes sont respectivement pour le premier plan 0, 1, 2 ; pour le second 0, 3, 4.

25. Comment reconnaît-on qu'une droite est parallèle à un plan ?

26. Trouver la cote du point d'intersection d'une droite et d'un plan quand :

Le plan est quelconque et la droite est verticale ;

27. — Le plan est quelconque et la droite horizontale ;

28. — Le plan est vertical et la droite quelconque

29. — Le plan est vertical et la droite horizontale ;

30. — Le plan est horizontal et la droite quelconque ;

31. — Le plan est horizontal et la droite verticale.

32. Intersection de deux droites situées dans un plan vertical, déterminée en faisant passer par chacune d'elles un plan quelconque.

33. Par une droite donnée AB mener un plan parallèle à une autre droite donnée CD; les cotes de A, B, C, D sont 5,4 ; 8,7 ; 4,9 ; 9,6 ; les projections ab et cd font un angle de 38° et se rencontrent au point 2 de ab ; $ab = 17{,}9$; $cd = 12{,}7$.

34. Par un point donné A mener un plan parallèle à deux droites données quelconques CD, EF ; les cotes des points A, C, D, E, F sont 5,3 ; 4,9; 8,4; 6,7 ; 11,6; les projections cd, ef font un angle de 45° et se rencontrent au point 3 de cd ; $cd = 15$; $ef = 17$; a est situé à 2^m^ de cd et de ef.

35. Cas où : 1° l'une des droites est quelconque, l'autre verticale ; 2° les deux droites sont horizontales ; 3° les deux droites sont verticales.

36. Par deux droites données quelconques, mener deux plans parallèles entre eux. — Cas où l'une des droites est verticale et l'autre quelconque.

37. Condition pour laquelle une droite est contenue dans un plan.

38. Par un point donné A mener une perpendiculaire à un plan donné par son échelle de pente mn. Il y a quatre choses à déterminer : 1° sa direction ; 2° sa graduation ; 3° la cote de son pied ; 4° sa vraie grandeur. La cote du point A est 7,8 : les cotes des points M et N sont 8,7 ; 13,4 ; $mn = 12{,}7$; la distance de a à mn égale 7,5. On obtient sa vraie grandeur par un rabattement ou par le calcul.

39. Par un point donné mener un plan perpendiculaire à une droite donnée et graduer son échelle de pente.

40. Par un point donné mener une perpendiculaire à une droite donnée et graduer cette perpendiculaire. — Cas où la droite est horizontale ou verticale.

41. Par une droite donnée mener un plan perpendiculaire à un plan donné, et graduer son échelle de pente.

42. Cas où : 1° le plan est horizontal et la droite quelconque; 2° le plan est vertical et la droite aussi.

43. Par un point donné mener un plan perpendiculaire à deux plans donnés et graduer son échelle de pente.

44. Cas où : 1° l'un des plans est quelconque et l'autre horizontal; 2° les deux plans sont verticaux.

45. Trouver l'angle de deux droites données A B et C B ; les cotes des points. A, C, B sont 15,3 ; 12,7 ; 4,9 ; *a b* = 18 ; *c b* = 23 ; l'angle *a b c* = 32°. SOLUTION : *Par un point* D *à cote entière de* A B *on mène à* C B *une parallèle qu'on gradue ; on fait tourner le plan de ces deux droites autour d'une horizontale jusqu'à ce qu'il soit horizontal ; le point* d *prend une certaine position sur la perpendiculaire* d h *à l'horizontale, qu'on trouve en remarquant qu'il suffit de calculer la vraie distance entre deux points de cotes connues*

46. Déterminer l'angle de deux plans dont les échelles de pente sont *ab* et *cd*; les cotes de A, B, C, D sont 5,3; 12,7 ; 6,4; 14,5 ; *a b* = 12,9; *cd* = 17,8 ; *a b* et *c d* font un angle de 35° et se rencontrent au point 3 de *a b*. — *La marche à suivre pour la solution de cette question est la même que celle indiquée en géométrie descriptive ; car les distances au plan horizontal étant indiquées par des cotes, il est aisé de faire des rabattements.*

47. Un cylindre oblique à base circulaire repose sur le plan horizontal ; le rayon de sa base est de 5^{m} ; son arête a une longueur de 12^{m} ; sa hauteur est de 10^{m}. Coter les projections des génératrices de contour apparent horizontal ; se donner la projection horizontale d'une génératrice et construire l'échelle de pente d'un plan tangent au cylindre selon cette génératrice.

48. Un cône droit à base circulaire repose sur le plan horizontal ; le rayon de sa base est de 5^{m} ; sa hauteur est de 9^{m}. Coter sa projection horizontale. Couper ce cône par un plan donné par son échelle de pente, faisant un angle de 45° avec le plan horizontal et passant par le milieu de la hauteur. Déterminer les cotes des points d'intersection avec les génératrices menées par huit points équidistants de la circonférence de base. Trouver par rabattement la vraie grandeur de l'ellipse d'intersection. Développer la surface latérale du cône après avoir déterminé par le calcul les longueurs de 8 arêtes comprises entre le sommet et la section.

V

PROBLÈMES SUR LES SURFACES TOPOGRAPHIQUES.

REPRÉSENTATION D'UNE SURFACE TOPOGRAPHIQUE.

145. Un terrain est une surface irrégulière qui ne peut être rigoureusement définie ; il ne suffit pas de la représenter par sa projection horizontale et par les projections cotées d'un certain nombre de ses points ; car quelque nombreux qu'on les prenne, on ne donne pas ainsi une idée nette de l'ensemble et de la forme de la surface. Aussi a-t-on eu l'idée de relier les points ayant même cote par des courbes qui, par suite, sont horizontales et qu'on appelle *courbes de niveau* ; on est convenu de prendre leurs plans équidistants dans le sens vertical ; c'est donc comme si on représentait sur la planimétrie les projections des courbes déterminées sur le terrain par des plans sécants horizontaux équidistants ; entre chaque courbe est comprise une tranche ou zone de la surface du terrain. L'équidis-

tance est d'autant plus petite que la pente et les ondulations du terrain sont plus grandes, pour que la représentation se rapproche le plus possible de la réalité. Elle varie entre 10 et 1 mètre. Donc les projections des courbes de niveau sont d'autant plus rapprochées que la pente est plus forte et plus variable. En général, les courbes de niveau ne se coupent pas parce qu'une verticale ne rencontre le terrain qu'en un point. Notons que l'expression *courbe de niveau* s'applique indifféremment à la courbe de l'espace et à sa projection.

DÉTERMINATION DES COURBES DE NIVEAU.

146. Les courbes de niveau se déterminent de deux manières : 1° sur le plan géométral ; 2° par des opérations faites sur le terrain. Pour les deux cas, on fait un grand nombre de profils distants au plus de 500^{m} ; on détermine, en outre, par rayonnement, les cotes d'un grand nombre de points isolés qu'on n'a pu faire entrer dans les profils construits. On marque sur le géométral les projections des points remarquables et leurs cotes déterminées par cheminement et par rayonnement.

1° Détermination des courbes de niveau sur le plan géométral.

147. Pour obtenir sur le géométral les points appartenant à une courbe de niveau, on les déduit de ceux marqués sur les profils ou de ceux isolés en supposant la pente uniforme entre deux points cotés, ce qui est à peu près

exact si les points nivelés sont suffisamment rapprochés. Soient sur le géométral (*fig.* 40) les traces $abcd$, $a_1b_1c_1d_1$ de profils nivelés, et soient marquées à l'encre rouge les cotes des points A, B, C, D ; $A_1B_1C_1D_1$. Le point 61 est entre a et b ; comme la courbe des profils est peu prononcée, la question consiste à déterminer la projection m sur une droite ab d'un point M de cote connue 61 (*n*° 118). Il est possible d'opérer rapidement, car on peut souvent avec une règle divisée en demi-millimètres, évaluer à l'œil les projections m, n, etc, de points M, N, etc., de cotes 61, 62, etc. En effet on a (*n*° 118) :

$$\frac{am}{mb} = \frac{61 - 59,6}{61,8 - 61}; \quad \frac{bn}{nc} = \frac{62 - 61,8}{63,4 - 62} \text{ etc.}$$

On détermine de même sur les autres profils les projections m_1, n_1, etc ; m_2, n_2, etc ; de points M_1, N_1, etc ; M_2, N_2, etc ; de cotes 61, 62, etc.

Soit un point isolé k 62,2. On trace la droite km_1 sur laquelle on cherche la projection q d'un point de cote 62 ; on agit de même pour d'autres points isolés.

On joint par des courbes continues les projections des points de même cote, en ayant soin de suivre les inflexions du sol, indiquées par les cotes des points isolés et sur des figurés à vue. On ne marque la cote d'une courbe qu'en un de ses points.

2° Détermination des courbes de niveau sur le terrain.

148. Cette méthode exige, de la part du niveleur beaucoup d'habitude ; elle suppose qu'il a fait des figurés

à vue pour l'aider à rapporter sur le géométral les résultats trouvés. Voici comment on opère : Supposons que l'on ait trouvé, par un nivellement suivant une certaine ligne, deux points ayant pour cotes 32,5 ; 43,2 ; et qu'on veuille trouver des points ayant pour cotes 35 et 40. On établit le niveau à une station permettant de viser sur le point 32,5; puis l'aide se déplace le long de cette ligne jusqu'à ce que le rayon visuel de l'observateur passe par le centre du voyant qui a été relevé par rapport à sa position au point 32,5 de 35 — 32,5 = 2,5. Le point ainsi obtenu sur la ligne ou profil considéré a pour cote 35. On peut de même obtenir des points ayant cette cote 35 entre deux profils consécutifs. On agira ainsi pour obtenir des points ayant pour cotes 30, 40, 45, etc.

Un second opérateur lève à la planchette les points où l'aide s'est placé; la position de la planchette a été déterminée par rapport à un côté du polygone topographique ou par rapport à une ligne principale du terrain ; il est donc facile de rapporter sur le géométral les points nivelés. Il reste alors à joindre par des courbes continues les projections des points de même cote, en ayant soin de suivre les inflexions du sol.

FIGURÉ DU RELIEF.

149. *Figurer le relief*, c'est représenter sur le géométral ou la planimétrie les inflexions du sol, les divers accidents de terrain par des *courbes de niveau* et par des *lignes de plus grande pente*. Voici la méthode générale à suivre.

On détermine les cotes des sommets du polygone topographique par cheminement; comme il a fallu, pour cela faire un nivellement composé, on a le soin de marquer sur les côtés du polygone les cotes des points où la mire a été placée en s'arrangeant en sorte que les points soient d'autant plus rapprochés que les accidents du sol sont plus nombreux, pour pouvoir considérer comme droites les distances entre deux points nivelés. On trace sur le terrain un certain nombre de lignes transversales à peu près parallèles; leur distance est de 100 mètres quand on opère avec le niveau d'eau, et de 500 mètres avec le niveau à lunette ; ces lignes joignent deux points pris sur les côtés du polygone topographique ; on en lève le profil comme celui de ces derniers. Toutes ces lignes de profil et tous les points nivelés sont rapportés sur le géométral par l'une des méthodes indiquées dans le Lever des plans.

150. On a vu comment se déterminent les points ayant des cotes entières équidistantes, soit sur la planimétrie, soit sur le terrain, et comment se tracent les *courbes de niveau*. Il faut toujours s'aider du croquis ou figuré à vue sur lequel les ondulations du terrain sont marquées.

Voici ce qui concerne le lignes de plus grande pente.

DES LIGNES DE PLUS GRANDE PENTE.

151. Les courbes de niveau pourraient suffire à faire connaître les pentes du terrain, car on peut supposer que la pente est uniforme entre deux courbes, ce qui

est d'autant plus juste que les courbes de niveau sont plus rapprochées. On verra du reste qu'il est facile de reconnaître la forme d'un terrain d'après le sens de ses courbes de niveau. Mais on complète avantageusement le figuré du relief en traçant, outre les courbes de niveau, des lignes de plus grande pente. *La ligne de plus grande pente entre deux courbes de niveau est la ligne la plus courte entre un point de la courbe supérieure et la courbe inférieure.* Par suite, *sa projection est la ligne la plus courte d'un point de la projection d'une courbe à celle de l'autre.* C'est donc la ligne dont les éléments entre deux courbes consécutives sont normales à la courbe inférieure. Il arrive souvent que cette ligne est une normale commune aux deux courbes considérées. La dénomination de ligne de plus grande pente vient de ce que les autres lignes partant du même point sont plus longues et que par suite leur pente est plus faible.

Si on détermine la ligne de plus grande pente d'un point d'une courbe supérieure à la suivante ; puis du point obtenu sur celle-ci à la troisième et ainsi de suite, on obtient une ligne courbe appelée *ligne de plus grande pente du terrain*. On peut dire qu'une ligne de plus grande pente d'un terrain est une ligne courbe traversant plusieurs courbes de niveau de haut en bas de manière que ses éléments compris entre deux courbes consécutives soient normaux à la courbe inférieure, souvent aux deux courbes. On trace sur la planimétrie les projections d'une série de lignes de plus grande pente.

FIGURÉS A VUE.

152. Les *figurés à vue* consistent dans l'indication sur le croquis du terrain levé et nivelé de ses mouvements et accidents autour des diverses stations. Pour bien faire les figurés à vue, il faut une grande habitude; on examine le terrain sous divers aspects pour bien se rendre compte du relief du sol. Ils aident le dessinateur dans le tracé des courbes de niveau et des lignes de pente.

PROBLÈMES

résolus au moyen des courbes de niveau d'une surface topographique.

153. Soit une surface topographique (*fig.* 41) représentée par des courbes de niveau équidistantes de 2^m par exemple. Nous pouvons regarder la zone comprise entre deux courbes de niveau consécutives comme engendrée par une droite normale à l'une des courbes et glissant sur l'autre; on peut même, si les courbes sont assez rapprochées, considérer cette génératrice comme normale à la fois aux deux courbes. Une tangente horizontale à une courbe de niveau a sa projection tangente à celle de la courbe. La projection d'une normale génératrice est donc normale au moins à une des projections des courbes de niveau. La tangente à une courbe de niveau en un point se mène à vue; il

en est de même d'une normale menée d'un point extérieur. Voici la solution de diverses questions importantes.

154. I. — *Trouver la cote d'un point* A *de la surface donné par sa projection horizontale* a.

On mène par a une normale ab à la courbe inférieure 18 ; cette ligne est souvent sensiblement normale en c à la courbe supérieure 20. On suppose la pente uniforme selon A B ; on est donc ramené à un problème déjà traité et pouvant être aisément résolu en cherchant avec une règle divisée en demi-millim. les distances $ac = 10$, $ab = 5$; donc $bc = 15$. La cote de A est $18 + \frac{5}{15}$ de l'équidistance e.

En effet, $Aa = Bb + ab \times p$ (nº 117, 3º),

d'où :
$$Aa = 18 + \frac{5}{15}e = 18\,\frac{1}{3}.$$

155. II. — *Trouver un point* D *de la surface ayant une cote donnée* 19,3.

Le point cherché est entre les courbes 18 et 20 ; on mène une normale ef à la courbe inférieure 18; on la mesure avec une règle divisée et on détermine sur cette normale la position d de la projection du point cherché (nº 118). Soit $ef = 12$; on a la proportion :

$$\frac{ef}{df} = \frac{20 - 18}{19{,}3 - 18}; \quad \text{ou} \quad \frac{12}{df} = \frac{2}{1{,}3};$$

d'où :
$$df = 7{,}8.$$

156. III. — *Intercaler une nouvelle courbe de niveau entre deux courbes données.*

On détermine entre ces deux courbes les projections des points ayant même cote que celle donnée et on les joint par un trait continu, qui est la courbe de niveau demandée. Les constructions s'effectuent rapidement si la cote donnée est entière.

157. IV. — *Construire le plan tangent en un point donné d'une surface topographique.*

1° *Le point* G *est donné par sa projection* g *sur une courbe de niveau* 16.

Le plan tangent est déterminé par la tangente horizontale menée en G à la courbe de l'espace et par la génératrice normale menée au même point. La tangente horizontale en G est projetée suivant une tangente gh à la courbe 16 ; la normale en G se projette suivant la droite gi normale à gh. La portion gi de normale comprise entre la courbe donnée et la courbe supérieure est la projection de la ligne de plus grande pente du plan tangent ; les cotes extrêmes de l'échelle de pente gi sont 16 et 18 ; on marque au milieu de gi le point 17.

2° *Le point est donné par sa projection située entre deux courbes de niveau* 14 *et* 12. On mène par cj une normale à la courbe inférieure 12. Si cette droite est aussi normale à la courbe supérieure, c'est l'échelle de pente du plan cherché. Sinon il faut intercaler une courbe de niveau passant par le point donné et lui mener en ce point une tangente et une normale comme précédemment. On détermine au moyen de la normale jk la cote 13 de J ; et au moyen de plusieurs normales voisines, des points ayant cette cote. On trace la courbe intercalée ; sa tangente est jl ; la normale mn à jl est l'échelle de pente du plan cherché.

158. V. — *Construction de la ligne de plus grande pente d'un terrain.*

D'un point p, pris sur une des courbes supérieures de niveau, on mène une normale pq à la courbe inférieure ; puis, du point obtenu sur celle-ci, une normale qr à la courbe inférieure, et ainsi de suite. Le trait continu joignant les points obtenus est la projection de la ligne de plus grande pente du terrain, relativement au point de départ p. — La représentation d'une surface topographique par les projections de ses courbes de niveau est complétée par des lignes de plus grande pente tracées surtout dans les parties où la pente est considérable, ce que l'on reconnaît à ce que les éléments entre deux courbes de niveau sont plus courts. — Plusieurs lignes de plus grande pente sont tracées ici : $pqrst$, $p_1 t_1$, $p_2 t_2$.

159. VI. — *Forme du terrain.*

La forme du terrain se déduit de la forme des courbes de niveau et de celle de la ligne de plus grande pente. On sait qu'une surface courbe est *convexe* en un point quand toutes les courbes passant par ce point sont situées au-dessous du plan tangent pour un observateur regardant normalement à ce plan. Or, les courbes de niveau et les lignes de plus grande pente sont les lignes principales. Donc : *Un terrain est convexe en un point* quand la courbe de niveau et la ligne de plus grande pente sont *convexes* en ce point. — *Un terrain est concave en un point* quand les conditions contraires sont remplies.

La première condition est indiquée par la figure : la courbe de niveau est convexe quand sa projection tourne sa convexité vers les courbes inférieures, car sa tangente horizontale en ce point étant située au-dessus de la courbe, le plan tangent à la surface au point considéré l'est aussi. Elle est concave dans le cas contraire.

Pour trouver l'autre condition, considérons une ligne de plus grande pente comme formée d'une série d'éléments rectilignes : les différentes normales comprises entre deux courbes de niveau consécutives, projetées ici en pq, qr, rs, st. Ces éléments forment un contour polygonal que nous construisons (*fig.* 42). Soit l'équidistance $e = PP_1 = PP_2$...... Menons les perpendiculaires $P_1Q_1 = pq$; $P_2R_1 = pq + qr$; etc. ; la ligne brisée PQRST est le profil de la ligne de plus grande pente considérée. Soient :

$$\alpha_1, \ \alpha_2, \ \alpha_3 \ \alpha_4,$$

les angles de ses éléments avec le plan horizontal. On a :

$$\text{tang}\ \alpha_1 = \frac{e}{pq}\ ;\ \text{tang}\ \alpha_2 = \frac{e}{qr}\ ;\ \text{etc.}$$

donc l'angle α d'un élément avec le plan horizontal augmente quand la projection de l'élément *diminue* en descendant. Or si l'angle fait par un élément est plus petit que l'angle fait par le suivant, les deux éléments en se rencontrant font un angle intérieur plus petit que 180° : alors le contour polygonal est convexe en ce point; ainsi il y a convexité en Q et R. Sinon l'angle est plus grand que 180°, et le contour polygonal est concave; ainsi il y a concavité en S.

Aux points R et Q il y a convexité de la courbe de niveau et de la ligne de plus grande pente; donc le terrain est convexe en ces points. Le terrain est concave au point S car les deux lignes considérées y sont concaves.

Il peut arriver que la courbe de niveau soit *convexe* et que la projection de la normale *augmente* en descendant: alors la surface est *convexe* dans le sens horizontal et *concave* suivant la ligne de plus grande pente.

Enfin, le cas contraire peut aussi se présenter.

160. VII. — *Plateaux, lignes de faîtes, thalwegs, col.*

Les *plateaux* sont des parties de terrain élevées ayant même cote. La courbe 20 limite un plateau.

La *ligne de faîte* ou ligne de *partage des eaux* est la ligne du terrain dont la pente est la plus faible, à partir d'un point et en allant de haut en bas; c'est donc entre deux courbes de niveau consécutives la plus longue normale menée d'un point d'une courbe supérieure à la suivante; sa projection est plus longue que celle partant du même point; il est donc aisé de la construire quand on a reconnu sa position. Considérée de bas en haut, c'est une ligne de plus grande pente. Les courbes de niveau qu'elle rencontre sont convexes. On descend lorsqu'on s'en écarte perpendiculairement. Les eaux de pluie se séparent suivant cette ligne pour couler sur chaque versant. Telle est la ligne uv.

Le *thalweg* ou *ligne de réunion des eaux* ou *ligne d'écoulement naturel des eaux* est la ligne du terrain dont la pente est la plus forte à partir d'un point et en allant de haut en bas ; c'est donc la plus courte normale entre deux courbes consécutives à partir d'un point ; on construit aisément sa projection quand on a reconnu sa position, ce qui est facile, car elle est indiquée par les rivières et fossés où se réunissent les eaux ; les courbes de niveau qu'elle rencontre sont concaves. Telle est la ligne xy.

On appelle *col* le point c d'intersection d'une ligne de faîte uv et d'un thalwey xy (*fig.* 44).

161. VIII. — *Lignes d'égale pente.*

La pente d'une ligne d'un terrain en un point est celle de sa tangente en ce point. Une ligne est d'égale pente quand tous ses éléments ou toutes ses tangentes ont même pente.

Tracer une ligne d'égale pente sur un terrain. Soit 0,5 cette pente ; son intervalle est 2^m. De a_1 pris sur la première courbe comme centre on décrit un arc de rayon 1^{cm} coupant la deuxième courbe en b_1 ; l'échelle est $\frac{1}{200}$. De b_1 comme centre on décrit un arc de rayon 1^{cm} coupant la troisième courbe en c_1, etc. La ligne brisée $a_1 b_1 c_1 d_1 e_1$ est d'égale pente. — Il y a plusieurs solutions ou il n'y en a pas.

Ce problème sert à tracer sur un terrain un sentier ou un fossé de pente donnée. — Il est utile pour le tracé des routes, pour creuser des rigoles d'irrigation ou de drainage.

162. IX. — *Section d'une surface topographique par un plan vertical.*

L'intersection d'une surface topographique par un plan vertical, ou *coupe verticale du terrain*, sert à déterminer le profil du terrain dans la direction du plan sécant. Les points où la trace du plan vertical sécant rencontre les projections des courbes de niveau sont les projections des points de la section cherchée ; les cotes de ces points sont celles marquées sur les courbes. Il est facile de construire le profil suivant la section, car c'est le rabattement du plan de la section sur un plan horizontal qui est ou non le géométral. La surface donnée est coupée par un plan vertical de trace XY ; la section se construit en prenant sur xy (*fig.* 43) une série de longueurs égales aux distances horizontales 12, 14 ; 14, 16 ; 16, 18 ; etc. ; en menant aux points 12, 14, 16, 18, etc ; des perpendiculaires égales aux cotes 12, 14, 16, etc., réduites à une échelle convenable. Les points obtenus sont joints par un trait continu indiquant les inflexions du sol selon la coupe qu'on a faite.

DESSIN DES CARTES TOPOGRAPHIQUES.

163. Un dessin topographique doit être exact, lisible, agréable à l'œil. Le trait doit être net et de même épaisseur partout. On y indique avec leurs cotes tous les points remarquables qu'on a levés et nivelés ; on fait usage des signes et des teintes conventionnels

(n° 83). On y marque en trait fin les courbes de niveau, et les lignes de plus grande pente, si cela est nécessaire.

On peut y distinguer les pentes par des hachures d'autant plus rapprochées et plus fortes que la pente est plus grande, c'est-à-dire que les zones sont plus étroites. Ces hachures sont normales aux courbes de niveau. Quand on est forcé de s'écarter de cette règle, on y revient par degrés insensibles. Il faut graduer l'espacement des hachures. On laisse un intervalle blanc selon la ligne de faîte et celle de thalwegs. Les plateaux sont indiqués par une portion blanche du dessin. Les hachures comprises entre deux courbes de niveau successives ne doivent pas être dans le prolongement les unes des autres, ce qui, du reste, les laisse subsister en blanc, si on ne les trace pas. Les escarpements sont exprimés par des hachures très-serrées tracées dans le sens de la pente. Les flancs des déblais et remblais sont indiqués par de petites hachures en forme de virgules dont la pointe est à la partie inférieure du terrain.

Sur les cartes représentant une petite étendue de contrée, on peut indiquer tous les accidents du terrain et tracer un grand nombre de courbes de niveau et de lignes de plus grande pente. Mais sur les cartes représentant une contrée, un pays, tel est le cas de la carte de France au $\frac{1}{80\,000}$ de l'Etat-major, on ne trace pas de courbes ; on marque les cotes des points remarquables et on met des hachures aux endroits escarpés.

FIN DE LA TROISIÈME PARTIE.

GÉOMÉTRIE DESCRIPTIVE

THÉORIQUE ET APPLIQUÉE.

QUATRIÈME PARTIE.

PERSPECTIVE.

I

PRINCIPES DE LA PERSPECTIVE CONIQUE.

DÉFINITIONS ET CONVENTIONS.

1. Les méthodes de la Géométrie descriptive permettent de représenter les objets par des dessins que rien ne peut remplacer quand on veut exécuter. Mais pour faire comprendre des dispositions compliquées, on fait usage de deux autres modes de représentation ; le premier, *la perspective conique*, reproduit l'apparence exacte des objets ; le second, la *perspective cavalière*,

fait saisir la disposition de leurs parties. On reconnaît d'après cela l'utilité de la perspective pour la description des corps. D'ailleurs il est indispensable d'appliquer exactement les principes de cette science pour faire les tableaux d'architecture et de paysages, si on veut donner une représentation fidèle des objets; le peintre d'histoire applique cette science aussi régulièrement que le permet le sujet qu'il traite. Les architectes ont souvent à faire des perspectives pour se rendre compte des effets produits par la disposition relative des diverses parties des édifices qu'ils se proposent de construire.

2. La *perspective conique* enseigne à représenter les corps sur une surface appelée *tableau*, ordinairement un *plan vertical*, quelquefois une surface courbe, en supposant que le tableau est situé entre le corps et le point d'où on le regarde, appelé *point de vue*. Il en résulte qu'en général les lignes d'une perspective sont plus petites que celles de l'objet. Le mot *perspective* s'applique aussi au dessin déterminé sur le tableau par les rayons allant de l'œil du spectateur aux divers points visibles du corps. Les rayons visuels forment une surface conique circonscrite au corps, dont l'intersection avec le tableau est appelée *contour apparent* du corps. Une perspective d'un corps produit à celui qui la regarde le même effet que s'il regardait le corps.

3. On dit *perspective conique* parce que les rayons visuels allant de l'œil au contour du corps forment un cône. On dit aussi *perspective linéaire*, parce qu'elle est l'intersection d'un plan et d'un système de droites.

4. Pour mettre un objet en perspective, il faut d'abord connaître ses projections, et celles de toutes les lignes du corps que l'on veut indiquer sur la perspective ; le contour apparent, par rapport au point de vue, les arêtes et lignes visibles, les lignes de séparation d'ombre et de lumière, les contours des ombres portées, les points brillants. La perspective est donc une des applications les plus importantes de la Géométrie descriptive.

5. Nous allons étudier la perspective dans le cas où le tableau est un plan vertical placé entre l'objet et l'observateur. *Pour que la perspective d'un objet produise un effet satisfaisant, il faut que le point de vue soit sur la perpendiculaire menée au centre du tableau et que sa distance à ce dernier soit comprise entre une fois et trois fois la largeur du tableau.* Donc, pour juger l'effet produit par une perspective, il faut que l'on soit placé parallèlement au tableau, et que l'œil soit à la hauteur de son centre, à une distance convenable du tableau.

6. Soit le tableau M, le point de vue O, un point A (*fig.* 1). La droite OA rencontre le tableau en un point A_1 qui est la perspective de A. Le tracé de la perspective linéaire d'un objet, revient donc à ce problème de Géométrie descriptive : *Trouver les intersections d'un système de droites, les rayons visuels, avec un plan, le tableau.* Mais il y a des procédés pratiques conduisant plus rapidement au résultat que les méthodes générales de cette science.

Nous allons exposer la théorie la plus simple, la plus facile, la plus généralement employée, connue sous le nom de *méthode du point de concours* ou *méthode des points de fuite*. Elle est applicable dans tous les cas. Les artistes l'emploient depuis longtemps.

MÉTHODE DES POINTS DE FUITE.

PRINCIPE RELATIF A LA PERSPECTIVE D'UNE DROITE.

7. *La perspective d'une droite est une droite; on l'obtient en joignant la trace de la droite sur le tableau à son point de fuite.*

Soit le tableau M, le point de vue O, une droite AB (*fig.* 2). Tous les rayons allant de l'œil O à la droite AB forment un plan coupant le plan du tableau suivant une droite A_1B_1 perspective de AB. La trace T de la droite sur le tableau est un point de la perspective cherchée. La parallèle OF à la droite passant par l'œil rencontre le tableau en un point F appelé *point de fuite* de AB. Comme OF est dans le plan AOB des rayons visuels, F appartient à la perspective cherchée. Donc la perspective de AB peut s'obtenir en joignant sa trace T sur le tableau à son point de fuite F.

8. Remarque. La dénomination de point de fuite vient de ce que, à mesure qu'on se rapproche de F sur la perspective TF, les points considérés sont les pers-

pectives de points de plus en plus éloignés de la droite BA. Le point F est la perspective d'un point situé à l'infini.

Point de fuite des droites parallèles.

9. *Les perspectives des droites parallèles entre elles concourent vers un même point qui est leur point de fuite.* En effet, comme les droites considérées sont parallèles à AB, les parallèles menées par O à ces droites ont toutes la direction OF.

10. EXCEPTION. *Les perspectives des droites parallèles au tableau sont parallèles entre elles.* Car la droite OF étant parallèle au tableau, le point F est à l'infini. Donc : 1° *Les verticales ont pour perspectives des verticales, c'est-à-dire des perpendiculaires à la trace* LT *du tableau et du plan horizontal ;* 2° *Les horizontales parallèles au tableau ont des perspectives parallèles à la trace* LT *du plan horizontal et du tableau.*

POSITIONS DIVERSES DES OBJETS A METTRE EN PERSPECTIVE.

11. Il y a deux positions principales à examiner : 1° La droite, le point ou la figure sont donnés sur le plan horizontal ; ce cas comprend la recherche de la perspective de la projection horizontale d'un objet. 2° Le point, la droite ou le corps sont donnés dans l'espace.

PERSPECTIVE D'UNE DROITE OU D'UN POINT DU GÉOMÉTRAL.

1° Trouver les constructions résultant des rabattements inverses sur le tableau du plan géométral et du plan horizontal de l'œil.

12. Soit M le tableau vertical, O l'œil ou point de vue, et *ab* la droite donnée sur le plan horizontal ou géométral H (*fig.* 3). La rencontre LT du géométral avec le tableau s'appelle *ligne de terre* ou *base* du tableau. La perpendiculaire OP menée de l'œil au tableau se nomme *rayon principal*. Son pied P est le point de fuite de toutes les perpendiculaires au tableau. Menons par P l'horizontale DD_1 du tableau : les points de fuite de toutes les horizontales sont sur DD_1. En prenant $PD = PD_1 = PO$, on obtient les points de fuite D et D_1 des horizontales faisant un angle de 45° avec le tableau, car le triangle rectangle PDO est isocèle et l'angle $PDO = PD_1O = 45°$. Les points de fuite D et D_1 sont appelés *points de distance*.

La trace de la droite *ab* sur le tableau est *t* sur LT ; la parallèle OF à *ab* donne son point de fuite F ; donc la perspective de *ab* est F*t*.

Rabattons sur le tableau le plan DOD_1 tournant de *haut en bas* autour de DD_1 : le point O se place en O_1 sur la verticale *xy* passant par P, à une distance $PO_1 = PO$; la droite O_1F est le rabattement de OF. Rabattons sur le tableau le géométral tournant de *bas en haut* autour de LT ; la parallèle cbd à LT se place suivant la parallèle c_2d_2 à LT ; le point b vient en b_2 sur c_2d_2. La droite abt prend la position tb_2. Je dis que tb_2 est parallèle à O_1F. En effet, les angles que bt et OF faisaient avant les deux rabattements inverses avec les parallèles LT et DD_1 n'ayant pas varié pendant les rotations indiquées, l'angle b_2tT est égal à l'angle DFO_1 parce que ce sont les nouvelles positions des angles égaux btT et DFO. On voit donc que : *Pour avoir la perspective* Ft *d'une droite* tb *du géométral rabattu en* tb_2 *sur le tableau il suffit de mener par le rabattement* O_1 *de l'œil la parallèle* O_1F *à* tb_2 *pour déterminer le point de fuite* F *de la droite ; sa trace* t *étant connue, la perspective de la droite considérée est* tF ; *notons que les deux rabattements sont faits en sens inverse.*

13. Remarque importante. Pour éviter la confusion résultant de la perspective de l'objet et de la position de sa projection sur le géométral rabattu sur le tableau, on suppose que le tableau est élevé verticalement au-dessus de LT jusqu'en L_1T_1 ; alors toutes les constructions qui, sur le tableau, sont indépendantes du géométral rabattu sont également transportées.

2° Faire le dessin de la perspective d'une droite du géométral.

14. La vraie base du tableau est LT ; la base transportée est L_1T_1 (*fig.* 4) ; la projection horizontale de la droite rabattue sur le tableau est ab ; sa trace sur le tableau est t : elle doit être reportée en t_1 sur L_1T_1 par la perpendiculaire tt_1 à LT. La ligne d'horizon est la droite

DD_1 parallèle à LT ; le rabattement du point de vue est en O_1 sur la perpendiculaire PO_1 en P à DD_1. On a porté $PD = PD_1 = PO_1$ pour avoir les points de distance D et D_1. La parallèle O_1F à ab donne le point de fuite F. La perspective de la droite indéfinie ab du géométral est donc Ft_1.

PROBLÈME.

15. *Trouver la perspective d'un point* a *situé sur une droite* ta *du géométral dont on a la perspective* Ft_1.

On résout ce problème en menant par ce point a une horizontale dont la perspective se détermine par l'un des trois procédés suivants :

1° (*fig.* 5) Par a on mène am perpendiculaire sur LT ; le point m est la trace de am sur le tableau ; on reporte m en m_1 sur L_1T_1 par la perpendiculaire mm_1 à LT ; le point de fuite de la droite mam_1, perpendiculaire au tableau, étant P, sa perspective est Pm_1. Donc celle de a est a_1, rencontre de Pm_1 et de Ft_1.

2° (*fig.* 6). Par a on mène la droite an faisant un angle de 45° avec LT. Le point n est la trace de an sur le tableau. On reporte n en n_1 sur L_1T_1 par la perpendiculaire nn_1 à LT. Le point de fuite de an étant D, sa perspective est Dn_1. Donc celle de a est à l'intersection a_1 de Ft_1 et de Dn_1.

3° (*fig.* 7). Cette méthode, dite de *la corde de l'arc*, consiste à rabattre en tr sur LT la portion de droite ta

comprise entre sa trace t et le point a considéré; à rabattre en sens inverse en FO_2 sur la ligne d'horizon le rayon de fuite FO_1 ; puis à reporter r en r_1 sur L_1T_1 par la perpendiculaire rr_1 à LT. La ligne O_2r_1 est la perspective de la corde ar : car les deux cordes ar et O_1O_2 étant parallèles, le point O_2 est le point de fuite de la droite ar du géométral de trace r sur le tableau. Donc la perspective de a est a_1, rencontre de O_2r_1 et de Ft_1.— Dans la pratique, on obtient O_2r_1 en portant sur L_1T_1 la longueur $t_1r_1 = ta$, et sur la ligne d'horizon $FO_2 = FO_1$.

PROBLÈME.

16. *Trouver la perspective d'un point isolé situé sur le géométral.*

Soit à trouver la perspective du point a situé sur le géométral (*fig.* 8). On prend pour horizontales: 1° la perpendiculaire mam_1 à LT menée par a : sa perspective est Pm_1; 2° l'oblique an à 45° sur LT; la perpendiculaire nn_1 à LT donne n_1 sur L_1T_1 : la perspective de cette oblique est Dn_1. La perspective de a est a_1, rencontre des droites Pm_1, Dn_1.

17. Remarque. De là une autre méthode pour avoir la perspective d'une droite en construisant celle de deux de ses points. Mais toutes les fois qu'il est possible d'avoir facilement sur le tableau le point de fuite de la droite et sa trace, on évite d'employer cette méthode à cause de la multiplicité des lignes et des erreurs résultant de leur obliquité.

PERSPECTIVE DES DROITES HORIZONTALES SITUÉES HORS DU GÉOMÉTRAL.

CONSTRUCTION DE LA PERSPECTIVE SUR LE TABLEAU

18. La droite AB de l'espace est donnée par sa projection horizontale ab et par sa hauteur h au-dessus du géométral (*fig.* 9). Puisque ab est parallèle à AB, la parallèle O_1F à ab donne le point de fuite F de AB. La projection horizontale de la trace de la droite sur le tableau est t sur LT, reportée en t_1 sur L_1T_1. Donc Ft_1 est la perspective de la projection horizontale ar de la de la droite AB.

Supposons le géométral transporté à la hauteur h la nouvelle ligne de terre est L_2T_2 à la distance $t_1t_2 = h$ de LT. On est ramené au cas d'une droite AB située le nouveau géométral. La trace sur le tableau de la droite AB est t_2; donc sa perspective est Ft_2.

PROBLÈME.

19. *Trouver la perspective d'un point* A *d'une droite* AB *parallèle au géométral dont on a la perspective* Ft_2 (*fig.* 9).

On applique l'une des constructions expliquées précédemment (n° 15), en ayant soin de reporter sur L_2T_2 par des perpendiculaires à LT, les points obtenus sur LT. Ainsi, on conçoit par A une horizontale à 45°

dont la projection est an. Sa trace n est reportée en n_2 sur L_2T_2. Le point de fuite de an étant D, sa perspective est Dn_2. La perspective de AB étant Ft_2, celle de A est A_1, rencontre de Ft_2 et de Dn_2.

20. Nota. Le procédé pour obtenir la perspective d'un point A d'une horizontale de l'espace est encore plus simple quand on connaît celles Ft_1 et a_1 des projections horizontales at et a de la droite et de son point A. En effet la verticale aA ayant pour perspective la verticale a_1A_1, qui est une perpendiculaire à LT menée par a_1, la perspective de A est à la rencontre A_1 de Ft_2 et de a_1A_1.

DÉFINITION.

21. On appelle *plan de front*, un plan parallèle au tableau.

THÉORÈME.

22. *Quand deux droites égales* AB *et* CD *sont situées dans le même plan de front* Q, *leurs perspectives sont égales* (*fig.* 10).

Soit M le tableau ; soit O le point de vue. Soit OP perpendiculaire au tableau rencontrant le plan Q en K. Soient ab, cd les perspectives des droites données dans le plan de front. D'après les triangles semblables de la figure et un théorème de Géométrie, on peut écrire :

$$\frac{CD}{cd}=\frac{OC}{Oc}=\frac{OK}{OP};\qquad \frac{AB}{ab}=\frac{OB}{Ob}=\frac{OK}{OP}$$

D'où : $$\frac{CD}{cd} = \frac{AB}{ab}$$

Or, $CD = AB$; donc $cd = ab$.

CONSÉQUENCES.

23. 1° *Deux verticales situées dans le même plan de front ont leurs perspectives égales ; 2° Toute figure située dans un plan de front a pour perspective une figure semblable.*

EMPLOI DE L'ÉCHELLE DE DÉGRADATION.

24. Les deux droites Ft_2 et Ft_1 (*fig.* 9) forment un angle t_1Ft_2 appelé *échelle de dégradation*, servant à trouver les perspectives des verticales de hauteur $h = t_1 t_2$, selon la position de leur plan de front.

Construisons (*fig.* 11) l'échelle de dégradation t_1Ft_2 d'une droite horizontale projetée en et, située à une hauteur $h = t_1 t_2$. Soit à trouver la perspective d'un point C de l'espace projeté en c, sachant que la projetante $Cc = h$. On cherche la perspective c_1 de la projection horizontale c au moyen de deux horizontales cn, cm passant par c (*n*° 16). Celle de C est sur la perpendiculaire c_1x menée par c_1 à LT. Concevons un plan de front dont la trace sur le géométral est ce parallèle à LT. La perspective du point e est e_1, obtenue sur Ft_1 au moyen de l'horizontale er perpendiculaire au tableau ; celle de la verticale $Ee = h$ est e_1E_1 (*n*° 20). Or, la verticale Cc est dans le même plan de front que la verticale E e et a la même longueur h ; donc sa perspective s'obtient en prenant sur $c_1 x$ une longueur $c_1 C_1 = e_1 E_1$, ou en menant $E_1 C_1$ parallèle à L T.

PROBLÈME.

25. *Connaissant la perspective* $P t_2$ *d'une droite de l'espace perpendiculaire au tableau, projetée en* t a b, *marquer sur cette perspective une distance donnée à partir d'un point donné* (*fig.* 12).

Pour avoir $P t_2$, on a déterminé sur $L_2 T_2$ la trace t_2 de cette droite d'après sa hauteur $h = t_1 t_2$ au-dessus du géométral. Les points obtenus sur L T doivent être reportés sur $L_2 T_2$ par des perpendiculaires à L T.

1° Soit à marquer à partir de la trace de la droite sur le tableau, une longueur égale à 1^m. On prend $t a = t n = 1^m$, à l'échelle du dessin ; on reporte n en n_2 sur $L_2 T_2$; on trace $D n_2$ qui rencontre $P t_2$ au point A_1, perspective du point A situé sur la droite à une profondeur de 1^m. En effet, l'horizontale projetée en $a n$ est à 45° sur L T ; donc sa perspective est $D n_2$.

2° Soit à marquer, à partir d'un point quelconque A de la droite, une longueur égale à 2^m ; connaissant la projection a et la perspective A_1 de ce point. On prend $a b = 2^m$ à partir de a. On obtient la perspective B_1 de B sans se servir de b, en portant $n_2 m_2 = 2^m$; la ligne $D m_2$ rencontre $P t_2$ au point B_1, perspective de B ; car c'est comme si on avait pris $t m = t b$ et mené $m m_2$ perpendiculaire sur L T.

DISTANCE RÉDUITE.

26. Il peut arriver que les points de distance soient hors des limites du tableau. On obtient alors la perspective par un procédé dit de la *distance réduite.*

Ainsi (*fig.* 13) pour marquer à partir de t_1 sur P t_1 une distance de 4^m, on doit prendre $t_1 b_1 = 4^m$ et joindre D b_1 qui rencontre P t_1 en a_1 à la profondeur demandée. Mais si on prend $t_1 k_1 = 1/2\ t_1 b_1$, et P d= 1/2 P D, la ligne $d k_1$ donne aussi le point cherché a_1.

PERSPECTIVES DES DROITES OBLIQUES A L'HORIZON.

CONSTRUCTION DE LA PERSPECTIVE SUR LE TABLEAU.

27. *La droite* A B *est ordinairement donnée par sa projection horizontale* a b *et les hauteurs* h *et* h' *de deux de ses points* A et B (*fig.* 14).

On cherche la perspective F t_1 de la projection horizontale $b\,t$ de la droite, et on détermine les perspectives a_1 et b_1 de a et b au moyen des horizontales am, bn, par exemple (*n*° 15 1°). La perspective A_1 de A est sur la perpendiculaire $a_1 x$ à L T ; pour obtenir A_1, on mène $L_2 T_2$ à la distance $t_1 t_2 = h$, et on construit l'échelle de dégradation t_1 F t_2. La perspective B_1 de B est sur la perpendiculaire $b_1 y$ à L T ; pour obtenir B_1, on mène L_3T_3 à la distance $t_1t_3 = h'$ et on construit l'échelle de dégradation t_1Ft_3. La perspective de la droite AB est donc la droite A_1B_1.

PERSPECTIVE DES LIGNES COURBES.

28. *En général, on obtient la perspective d'une ligne courbe en déterminant celle d'un certain nombre de ses points considérés comme des points isolés.*

29. *Pour une courbe plane donnée sur le géométral,* on opère rapidement si on prend deux systèmes de droites parallèles se coupant sur la courbe; il est facile de déterminer les perspectives des points de rencontre des droites qui sont celles du point correspondant de la courbe.

Ou bien on trace sur le géométral des petits carrés ayant un côté perpendiculaire au tableau; on les met aisément en perspective; et on trace approximativement des portions courbes dans les perspectives des carrés. Cette manière d'opérer s'appelle *craticuler* ou *graticuler*.

THÉORÈME.

30. *La perspective de la tangente à une courbe est tangente à la perspective de la courbe.*

On sait que la perspective de la courbe donnée cab est l'intersection $c_1a_1b_1$ du tableau M et du cône $Ocab$ des rayons visuels (*fig.* 15); et que la tangente man en a à la courbe donnée a pour perspective l'intersection $m_1a_1n_1$ du tableau et du plan man des rayons visuels. Or, ce dernier plan est tangent suivant la génératrice $O a_1 a$ au cône des rayons visuels ; donc la perspective de la tangente à la courbe donnée est l'intersection du tableau et du plan tangent au cône ; par suite elle est tangente en a_1 à la courbe d'intersection $c_1 a_1 b_1$ du tableau et du cône (2e P., nos 56, 47).

PERSPECTIVE D'UN OBJET.

31. Pour la mise en perspective d'un objet, les procédés qui viennent d'être indiqués suffisent *. En effet, après avoir construit la perspective de sa projection horizontale, on a celle des points de l'espace en construisant celle des verticales sur lesquelles ils sont situés. *Pour mettre un objet en perspective, il suffit donc d'avoir ses projections sur deux plans rectangulaires.* N'oublions pas qu'il faut construire les épûres à une certaine échelle qui est celle adoptée pour mettre l'objet en perspective.

32. Quand on veut mettre en perspective un corps dont plusieurs lignes sont dans un même plan horizontal, on construit la ligne de terre qui s'y rapporte ; cela permet de se passer de la perspective de la projection horizontale de ces lignes qui, dans le cas où elle est inutile, ne doit pas être marquée, car elle peut nuire à la clarté des résultats définitifs.

PERSPECTIVE DE QUELQUES SOLIDES.

33. Pour un *prisme* de hauteur donnée posé sur le

* Nous donnons (nos 39-48) une méthode plus rapide dans certains cas.

géométral, on construit les perspectives de chacune des deux bases ; ce qui donne les perspectives des arêtes latérales.

34. Pour un *cube*, il arrive souvent que les arêtes latérales sont parallèles au tableau ; il suffit alors de chercher la perspective de la base et la longueur perspective d'une arête verticale.

35. Pour un *cylindre* à base circulaire, on détermine la perspective des bases et celles du *contour apparent* qui est ici l'intersection du tableau et des plans tangents au cylindre et passant par le point de vue. Après avoir marqué exactement les perspectives des points des bases où sont tangentes les droites de contour apparent, on ne conserve que les portions vues des ellipses perspectives des bases.

36. Pour le cône à base circulaire, on détermine les perspectives de la base et du sommet ; celle du *contour apparent* est ici l'intersection du tableau et des plans tangents au cône passant par l'œil. L'observation relative aux parties visibles est la même que pour le cylindre.

37. Nota. Pour les détails complétant ces règles générales se reporter au chapitre des applications.

PERSPECTIVE DES OMBRES.

38. On détermine la perspective des ombres propres des solides et des ombres portées sur le géométral et sur les solides qu'on représente en perspective, en trouvant d'abord les projections des lignes d'ombre et

en déterminant par les méthodes connues les perspectives de ces lignes. Il n'y a donc aucune difficulté dans cette recherche.

ÉCHELLES DE PERSPECTIVE.

Emploi de trois axes.

39. Soit ax la trace L_1T_1 du tableau sur le géométral (*fig.* 16) ; prenons dans le tableau la verticale az, et supposons en a une perpendiculaire ay au tableau. La ligne d'horizon est DPD_1. La perspective de l'axe ay, projeté en ak sur le géométral, est aP. Les axes ax, ay, az forment un système servant à déterminer la perspective d'un point quelconque de l'espace pourvu qu'on connaisse ses trois *coordonnées*, c'est-à-dire ses trois distances x, y, z aux plans yaz, xaz, xay.

Soit $x = 4^m$, $y = 3^m$, $z = 8^m$. Portons sur ax et sur ay des parties successives égales à 1^m. Joignons les points de division 1, 2, 3,... de ax aux points D et P, nous obtenons sur a P (*n*° 24) des points de division 1_1, 2_1, 3_1,... qui sont les perspectives de points situés à des profondeurs de 1, 2, 3,..... sur ay ; et appartenant aux traces de plans de front distants du tableau de 1, 2, 3..... *.

ÉCHELLES DES LARGEURS ET DES ÉLOIGNEMENTS.

40. *Trouver la perspective d'un point* c *situé sur le géométral et ayant pour coordonnées* x = 4, y = 3.

* On peut ici, pour mieux se rendre compte, concevoir que LT existe, ainsi que la projection ak de ay, et le rabattement O_1 de l'œil ; mais ces lignes ne doivent pas être marquées sur le dessin que l'on fait.

La perspective c_1 est obtenue en menant à ax la parallèle 3_1c_1 jusqu'à sa rencontre c_1 avec la ligne $4P$; car $4c_1$ indique que le point c du géométral est à la distance 3 du tableau, et 3_1c_1 qu'il est à la distance 4 de l'axe ay.

ÉCHELLE DES HAUTEURS.

41. *Trouver la perspective d'un point* C *situé à une hauteur* $z = 9$ *au-dessus du géométral, ses deux autres coordonnées étant* $x = 4$, $y = 3$.

Sa perspective est obtenue en déterminant d'abord celle c_1 de sa projection c ; on suppose en b sur ay dans le plan de front de Cc une verticale $bB = 9$; la perspective de b est 3_1 ; l'échelle de dégradation $aP9$ donne la longueur de la perspective 3_1B_1 de bB sur la perpendiculaire en 3_1 à L_1T_1. On reporte sur la perpendiculaire en c_1 à L_1T_1 la hauteur 3_1B_1, pour obtenir la perspective C_1 du point donné C (*n*° 24).

Nota. On peut simplifier ces constructions en remarquant que $3_1B_1 = 3_1f_1$, car ce sont les perspectives de deux droites égales situées dans le même plan de front. Il est donc inutile de se servir de l'échelle az, par suite de construire 3_1B_1. Quand on a c_1, il suffit de porter sur la verticale c_1C_1 la hauteur $c_1C_1 = 3_1f_1$

42. Définitions. Comme les divisions de ax jointes au point P donnent les longueurs des droites du géométral parallèles au tableau, d'après la position de leur plan de front, l'axe ax est dit *échelle des largeurs* ou *de front*.

Comme les divisions de aP donnent les distances au tableau des points ou des droites d'un plan de front, la ligne aP est nommée *échelle fuyante* ou *des éloignements*.

Les divisions de $a\,z$ donnant les distances des points de l'espace au géométral, l'axe $a\,z$ s'appelle *échelle des hauteurs*.

Avantages de l'usage des échelles.

43. L'emploi des échelles de perspective dispense de tracer sur le géométral la projection de l'objet, puisqu'il suffit de connaître les distances des points à mettre en perspective aux trois plans xay, xaz, $y\,az$. On s'en sert souvent en architecture pour représenter certains corps, une colonne par exemple.

OBSERVATIONS SUR L'EMPLOI ET L'UTILITÉ DE LA PERSPECTIVE.

44. Pour mettre un objet en perspective, il faut se donner la position du tableau par rapport à l'objet, c'est-à-dire la distance à LT de la projection horizontale de l'objet ; cette distance dépend des dimensions relatives de l'objet et du tableau ; disposer convenablement L_1T_1; placer la ligne d'horizon DPD_1 à une distance de L_1T_1 égale à la hauteur de l'œil au-dessus du plan horizontal; marquer le point P sur la ligne d'horizon et le point O_1 sur l'axe du tableau ; ne pas oublier que PO_1 dépend de la largeur du tableau. Il

reste alors à appliquer les constructions nécessaires, pour obtenir la perspective d'un objet en se servant de ses projections ou des échelles.

Si on veut mettre en perspective un objet compliqué, on représente d'abord ses parties principales, en les supposant ramenées à un ensemble de lignes droites, leurs axes ; puis on dessine la perspective de ces parties principales ; et enfin celle des détails en ayant soin de tracer leurs contours conformément à la disposition qu'ils doivent prendre sur la perspective : il suffit pour cela soit de graticuler soit de se guider sur la perspective des lignes principales. Il est certain que l'habitude de mettre des objets en perspective finit par donner à l'artiste le sentiment des formes et des positions relatives en perspective ; mais un tableau dont les parties principales sont exactement dessinées en perspective, produit toujours un meilleur effet que celui où les principes généraux de cet art n'ont pas été appliqués. Ainsi, pour représenter sur un tableau un être animé dans une certaine position, il est bon de le supposer réduit aux axes de ses divers membres ; de faire la perspective exacte de ces axes ; et le squelette obtenu sur le tableau sera le meilleur guide pour achever convenablement la représentation de l'animal considéré. Il en est de même pour la disposition relative des diverses parties d'un paysage. Lorsqu'on établit l'esquisse d'un tableau, il ne faut rien négliger pour satisfaire à l'exactitude des positions et des grandeurs relatives.

PROBLÈMES A RÉSOUDRE.

1. Entre quelles valeurs est compris l'angle maximum des rayons visuels avec le tableau, quand la distance du point de vue au tableau est comprise entre une fois et trois fois la largeur du tableau ? Quel est cet angle quand cette distance est égale à la moitié de la largeur du tableau ? Pourquoi l'angle des rayons visuels avec le tableau ne doit-il pas être inférieur à 45° ?

2. Où doit se placer l'observateur pour bien juger une perspective ? Quelle sensation éprouve l'observateur qui n'est pas placé au point de vue ?

3. Quelle est la perspective d'une droite qui rencontre la verticale du point de vue ?

4. Trouver la perspective d'une droite de l'espace quand on connaît sa projection horizontale, son angle avec le plan horizontal et la hauteur h d'un de ses points A projeté en a ; on déterminera sa trace sur le tableau.

II

EXEMPLES DE PERSPECTIVES*.

I. CARRÉ SITUÉ SUR LE GÉOMÉTRAL.

45. 1° (*fig.* 17). Soit le carré $abcd$ dont deux côtés sont perpendiculaires au tableau. Les perspectives de ab, dc sont suivant Pt_1, Pr_1 ; la perspective de la diagonale bdm à 45° est Dm_1 ; donc les perspectives de b, d sont b_1, d_1. Les côtés ad, bc, situés sur le géométral et parallèles au tableau, ont pour perspectives les parallèles d_1a_1, b_1c_1 à L_1T_1. Le carré donné a donc pour perspective le quadrilatère $a_1b_1c_1d_1$.

46. 2° (*fig.* 18). Soit le carré $abcd$. Le point de fuite des côtés parallèles ba, cd est F ; leurs perspectives sont Fg_1, Fh_1. Le point de fuite de la diagonale cai est F_1 ; sa perspective est F_1i_1. Les perspectives des sommets a, c sont donc a_1, c_1. La perspective des

* Pour les figures relatives à ce chapitre, la distance de l'œil au tableau PD = P O₁ est plus courte que ne l'indique la règle (*n°* 5) ; cela est fait à dessein pour que les résultats des constructions paraissent plus sensibles. — Quand on n'a en vue que d'obtenir la perspective d'un objet, il ne faut pas conserver les lignes de constructions marquées ici en pointillé, ni la projection horizontale de l'objet, ni les lignes cachées marquées ici en points ronds.

points b, d est obtenue par la méthode de la corde de l'arc (n° 15, 3°). On prend $F O_2 = F O_1$; $g_1 l_1 = b g$; $h_1 n_1 = d h$; on mène $O_2 l_1$, $O_2 n_1$ qui rencontrent $F g_1$, $F h_1$ en b_1, d_1. Le carré donné a donc pour perspective le quadrilatère $a_1 b_1 c_1 d_1$.

II. CARRELAGE HEXAGONAL.

47. La *fig.* 19 est le plan du carrelage hexagonal. La *fig.* 20 est sa perspective à une échelle double sans placer entre LT et L_1T_1 la projection horizontale du carrelage. Il existe dans ce carrelage deux systèmes de droites, telles que ab, ac, qui font 60° avec le côté pn, et dont les points de rencontre sont les sommets des hexagones. On suppose que pn coïncide avec LT et que ad est dans le plan vertical de l'œil. La perspective de pn est $p_1 n_1$ sur $L_1 T_1$ ($p_1 n_1 = 2\,pn$) ; celles de pl, nm sont sur Pp_1, Pn_1 ; le point l, situé à la profondeur pl, a pour perspective l_1, obtenu en prenant $p_1 h_1 = pl$, et en menant $D h_1$ (n° 25). La perspective de lm, horizontale parallèle au tableau, est la parallèle $l_1 m_1$ à $L_1 T_1$. Les droites $O_1 F_1$, $O_1 F$ à 60° sur $L_1 T_1$ donnent les points de fuite des deux systèmes de droites telles que ab, ac. On porte sur $L_1 T_1$ des longueurs $p_1 c_1$, $c_1 b_1$ $b_1 e_1$....., égales au côté de l'hexagone (ici $p_1 c_1 = 2\,pc$) ; ce qui permet de tracer les lignes $F_1 p_1$, $F_1 c_1$,.... $F c_1$, $F b_1$,.... sur lesquelles sont les sommets des hexagones en perspective. On trace aisément leurs contours.

III. — CERCLE SITUÉ SUR LE GÉOMÉTRAL.

48. Soit un cercle c situé sur le géométral de manière que le rayon visuel passant par son centre soit *perpendiculaire* au tableau (*fig.* 21). On inscrit et circonscrit au cercle deux carrés $jkml$, $fghi$ ayant leurs côtés parallèles ou perpendiculaires au tableau. On détermine facilement les perspectives $j_1k_1m_1l_1$, $f_1g_1h_1i_1$ de ces carrés par celle Dz_1 d'une diagonale ig et des côtés perpendiculaires au tableau ce qui donne les perspectives de huit points du cercle. La perspective du centre c est en c_1. Les perspectives des points de tangence a, b, sont en a_1, b_1 sur la parallèle menée par c_1 à L_1T_1 car l'horizontale ab est parallèle au tableau. On a en d_1e_1 celle de d, e. Les huit points de la courbe et les quatre tangentes obtenues suffisent pour la tracer. Il serait d'ailleurs facile d'avoir d'autres points de la perspective au moyen d'une perpendiculaire au tableau et d'une ligne à 45° passant par d'autres points marqués sur le cercle.

49. La perspective de ce cercle est une *ellipse*, car le plan du tableau coupe toutes les génératrices du cône à base circulaire formé par les rayons visuels. Du reste, il en est toujours ainsi en perspective puisqu'on suppose que le tableau ne coupe pas l'objet à représenter.

Il est à remarquer que le point c_1, perspective du centre c, n'est pas le centre de l'ellipse obtenue, car il n'est pas le milieu d'une corde joignant deux tangentes parallèles.

Axes de cette ellipse.

50. Les tangentes à l'ellipse aux deux extrémités de la droite d_1e_1 lui sont perpendiculaires ; donc cette droite d_1e_1 est une *axe* de l'ellipse. L'autre est perpendiculaire au milieu v_1 de e_1d_1 ; on obtient ses extrémités par la construction suivante : On prend no=PD, à partir de LT sur PO_1 pour avoir la projection horizontale o du point de vue. On mène les tangentes op, oq au cercle c ; elles coupent LT en r, s, reportés sur L_1T_1 en r_1, s_1. Les plans verticaux passant par la projetante de l'espace Oo ont pour traces horizontales or, os; leurs traces verticales transportées sont les perpendiculaires r_1x, s_1y à L_1T_1. Ces traces sont tangentes à l'ellipse perspective, car elles peuvent être considérées comme les perspectives des tangentes op, oq situées dans les plans visuels verticaux ayant pour traces horizontales op, oq et pour traces verticales r_1x, s_1y (n° 30). On cherche les perspectives Pt_1, Pu_1 des droites pt_1, qu_1 perpendiculaires au tableau ; leurs intersections p_1, q_1 avec r_1x, s_1y sont les extrémités du second *axe*. En effet, les tangentes à l'ellipse perspective en p_1, q_1 sont parallèles à l'autre axe e_1d_1. La droite p_1q_1 passe donc par le milieu v_1 de e_1d_1.

EXAMEN DES AUTRES POSITIONS D'UN CERCLE HORIZONTAL.

51. On obtient de même la perspective d'un cercle situé d'une manière quelconque sur le géométral ; mais alors la construction du n° 50 ne donne pas les axes de

l'ellipse perspective. La recherche des perspectives des bases du cylindre et du cône est un exemple de ce cas (*n*ᵒˢ 58 et 59).

52. Pour avoir la perspective d'un cercle situé dans un plan horizontal quelconque, on détermine la ligne de terre L_2T_2 d'après la distance de ce plan au géométral ; les constructions sont dès lors les mêmes que les précédentes, en ayant soin de reporter sur L_2T_2 les points obtenus sur LT. On en a un exemple dans la recherche de la perspective d'une sphère (*n*° 57).

IV. CERCLE SITUÉ DANS UN PLAN VERTICAL.

53. Si le cercle est parallèle au tableau, sa perspective est un cercle ; il suffit de déterminer la perspective d'un diamètre, pour avoir le diamètre de la perspective cherchée. Cette construction est appliquée au cas de la perspective d'une sphère (*n*° 57).

54. Si le cercle est situé dans un plan vertical quelconque, on lui inscrit et circonscrit des carrés ayant des côtés parallèles au tableau et au géométral ; au moyen de la perspective de ces carrés, on obtient aisément l'ellipse perspective du cercle. Les constructions à faire sont indiquées sur la *fig*. 22. La projection horizontale du cercle est *ab* ; son rabattement le cercle *k* ; les carrés sont *abji*, *efhg*. Le point de fuite des horizontales parallèles à *ab* est F donné par la parallèle O_1F à *ab* ; leurs lignes de terres sont L_2T_2, L_3T_3, etc., à des hauteurs *df*, *qk*, etc. Leurs perspectives sont donc Ft_1,

Ft_2, Ft_3, Ft_4, Ft_5. Les verticales en a, c, q, d, b ont pour perspectives les perpendiculaires à LT partant de a_1, c_1, q_1, d_1, b_1. D'où on a aisément les perspectives e_1, f_1, h_1, g_1, des sommets du carré inscrit, et les perspectives q_1, m_1, n_1, l_1 des points de tangence. Ces huit points suffisent pour tracer l'ellipse perspective.

V. COURBE SITUÉE SUR LE GÉOMÉTRAL

Graticulation.

55. Deux bras de rivière sont situés sur le géométral (*fig.* 23). On trace un certain nombre de parallèles et de perpendiculaires à LT pour former des carrés, dont on obtient aisément la perspective au moyen du point de fuite P et de l'échelle des éloignements Pa. Se guidant sur le mode de déformation des divers carrés, on trace dans leurs perspectives les portions de courbes qu'ils contiennent.

VI. CUBE REPOSANT SUR LE GÉOMÉTRAL.

56. Sa projection horizontale est $abcd$ (*fig.* 24). On détermine la perspective $a_1b_1c_1d_1$ de la base inférieure au moyen : 1° des traces e_1, h_1 et du point de fuite F_1 des côtés ab, cd ; 2° du point de fuite F de la diagonale bdi et de ses parallèles aj, ck, dont les traces rapportées sur L_1T_1 sont i_1, j_1, k_1. Les arêtes latérales étant verticales ont pour perspectives des perperdiculaires à LT partant de a_1, b_1, c_1, d_1 ; les perspectives a_2, b_2, c_2, d_2 des sommets de

la base supérieure du cube sont à l'intersection de ces perpendiculaires et des lignes F_1e_2, F_1h_2 obtenues en construisant la ligne de terre L_2T_2 à la hauteur $e_1e_2 = h_1h_2 = ab$, et en faisant usage des échelles de dégradation $e_1F_1e_2$, $h_1F_1h_2$ (*n*° 24). Les parties cachées sont marquées ici en points ronds.

VII. SPHÈRE.

57. La perspective d'une sphère est une *ellipse*, car son contour apparent sur le tableau est l'intersection de ce dernier et du cône des rayons partant du point de vue et circonscrit à la sphère. Soit la sphère o, de rayon r, reposant sur le géométral (*fig.* 25). On la coupe par un plan horizontal passant par son centre. L'intersection est un grand cercle projeté en o, situé à la hauteur r. On mène L_2T_2 à la distance r de L_1T_1 pour obtenir la trace sur le tableau du plan de ce cercle. On construit sa perspective au moyen d'un certain nombre de ses cordes parallèles au tableau, et ayant leurs milieux sur la perspective Pa_2 de son diamètre perpendiculaire au tableau. Les perspectives d_1, e_1, etc., des milieux des cordes d, e, etc, sont obtenues sur Pa_2 en portant à partir de a_2 sur L_2T_2, les longueurs $a_2f_2 = ad$; $a_2g_2 = ae$, etc., (*n*° 25). Les perpendiculaires au tableau partant des extrémités b, c, etc., de ces cordes ont leurs perspectives b_1, c_1, etc., sur les droites Pm_2, Pn_2, etc. Puis on imagine sur la sphère des cercles parallèles au tableau passant par les cordes qu'on a menées. Leurs perspectives sont des cercles dont les diamètres sont les perspectives des

cordes, et dont les centres sont leurs milieux. Il est donc aisé de construire les cercles perspectives de ces cercles, tels sont les cercles de rayons $d_1 b_1$, $e_1 c_1$, etc. Le contour apparent de la sphère sur le tableau est la courbe enveloppe des différents cercles perspectives ainsi tracés.

VIII. CYLINDRE DROIT.

58. La projection du cylindre droit reposant sur le géométral est le cercle c (*fig.* 26). On obtient l'ellipse c_1 perspective de la base inférieure au moyen des perspectives des carrés inscrits et circonscrits au cercle c, lesquels donnent huit points et quatre tangentes de l'ellipse c_1 (*n*° 48). On obtient de même l'ellipse c_2 perspective de la base supérieure, en construisant la trace L_2T_2 de celle-ci sur le tableau à la hauteur $t_1 t_2$ égale à celle du cylindre ; les points m_1, n_1, p_1, etc., sont rapportés en m_2, n_2, p_2, etc., les droites Pm_2, Pn_2, Pp_2, etc. sont rencontrées par Dt_2, en des points appartenant à l'ellipse c_2. Le contour apparent du cylindre sur le tableau est l'intersection du tableau et des plans tangents au cylindre passant par le point de vue, dont la projection horizontale o s'obtient en prenant sur PO_1 la distance $ko = PO_1$. Ces plans tangents sont perpendiculaires au géométral, car ils passent par la verticale de l'espace Oo projetant le point de vue ; leurs traces horizontales sont les tangentes oa, ob au cercle c ; leurs traces verticales sur le tableau sont les perpendiculaires dx, ey à LT. Ces traces sont tangentes aux

ellipses c_1, c_2, parce qu'elles peuvent être regardées comme les perspectives des tangentes oa, ob au cercle c (*n*° 50). On obtient aisément les perspectives a_1, a_2, b_1, b_2 des points de tangence, car on connaît leurs projections a, b (*n*° 50). Une portion de l'ellipse c_1 est cachée à partir des points de tangence a_1, b_1.

IX. CONE DROIT.

59. La projection horizontale du cône est le cercle c (*fig.* 27). La perspective du cercle de base s'obtient en c_1 au moyen des mêmes constructions que dans le cas du cylindre (*fig.* 26). Remarquons que les perspectives des cordes parallèles au tableau sont respectivement égales sur les deux figures, parce qu'elles sont dans les mêmes plans de front. De la hauteur du cône $h = t_1 t_3$, on déduit la ligne de terre auxiliaire $L_3 T_3$; la perspective S_1 du sommet S du cône est à la rencontre de la perspective $c_1 z$ de la hauteur et de la perspective $P t_3$ de la perpendiculaire au tableau passant par le sommet. On obtient les limites du contour apparent du cône sur le tableau en menant par S_1 à l'ellipse c_1 des tangentes par la construction géométrique ou plus simplement à vue.

60. Remarque. Pour obtenir le contour apparent du cône sur le tableau, la construction indiquée ici est plus simple que de chercher les traces sur le tableau des plans tangents au cône passant par l'œil. Si le lecteur veut les chercher, il n'oubliera pas que le tableau est le plan vertical, que l'œil est dans l'angle antérieur

supérieur, que le cône est dans l'angle postérieur supérieur, que la ligne de terre est L T, et que les points obtenus sur L T sont reportés sur L_1T_1.

X. CROIX.

Données.

61. La section du parallélipipède droit formant le montant vertical et la traverse horizontale de la croix est un carré de côté égal à 4^{dm}. La hauteur totale du montant est égale à 4^{m}. La traverse, divisée en deux parties égales par le montant, a une longueur de 18^{dm}. La face supérieure de la traverse est à 32^{dm} de la base du montant. Celui-ci est sur un piédestal de même axe ayant la forme d'un parallélipipède carré de hauteur égale à 12^{dm}, de côté égal à 8^{dm}. Échelle $\frac{1}{40}$.

Tracé de la perspective (*fig.* 28.)

62. On dessine, à l'échelle donnée, la projection horizontale des parties de la croix dans la position qu'elles ont par rapport au tableau. Soit PO_1 la distance de l'œil au tableau ; soit LT la ligne de terre ; soit L_1T_1 la ligne de terre transportée.

La perspective $a_1b_1c_1d_1$ de la base inférieure $abcd$ du piédestal est obtenue au moyen du point de fuite F des côtés ab, cd, du point de fuite F_1 de la diagonale bd, et en appliquant la méthode de la corde de l'arc (*n*° 15, 3°) pour avoir a_1, c_1, ($FO_1 = FO_2$; $m_1u_1 = ma$; $n_1v_1 = ne$.

La perspective $a_2 b_2 c_2 d_2$ de la base supérieure du piédestal est obtenue, après avoir construit la trace $L_2 T_2$ de son plan à la hauteur $m_1 m_2 = 12^{dm}$, au moyen des perpendiculaires à LT partant de a_1, b_1, c_1, d_1 et des échelles de dégradation $m_1 F m_2$, $n_1 F n_2$, comme pour un cube (*n*o 56).

La perspective $e_2 f_2 \, g_2 h_2$ ela base inférieure du montant de la croix s'obtient au moyen du point de fuite F des côtés projetés en $e f$, $g h$, du point de fuite F_1 de la diagonale projetée en $f h$, et en appliquant la méthode de la corde de l'arc pour avoir e_2, g_2 ($F O_1 = F O_2$, $s_2 u_2 = s e$, $t_2 v_2 = t g$). Remarquons qu'il n'a pas été nécessaire d'obtenir la perspective de la projection horizontale de la base du montant.

Les perspectives des arêtes verticales du montant de la croix sont selon les perpendiculaires à LT partant de e_2, f_2, g_2, h_2.

La perspective $e_3 f_3 g_3 h_3$ de la base supérieure du montant s'obtient au moyen de ces perpendiculaires et des échelles de dégradation $s_2 F s_3$, $t_2 F t_3$; la trace $L_3 T_3$ de son plan ayant été menée à la hauteur $s_2 s_3 = 4^m$.

Pour obtenir la perspective $i_4 j_4 k_4 l_4$ de la face supérieure de la traverse, on mène la trace $L_4 T_4$ de son plan à la hauteur $q_2 q_4 = 32^{dm}$; on détermine les perspectives $e_4 f_4$, $h_4 g_4$ de ses intersections, projetées en ef, hg, avec les faces latérales de la croix au moyen des échelles de dégradation $s_2 F s_4$, $t_2 F t_4$; on a ainsi les directions $e_4 h_4$, $f_4 g_4$ des perspectives des deux arêtes projetées en il, jk; on détermine les perspectives $i_4 j_4$, $l_4 k_4$ des deux autres arêtes projetées en ij, lk en joignant leur point de fuite F à leurs traces q_4, r_4 qui sont sur $L_4 T_4$.

On obtient de même la perspective $i_5 j_5 k_5 l_5$ de la face inférieure de la traverse après avoir mené sa trace $L_5 T_5$ à la hauteur $q_2 q_5 = 28^{dm}$.

La perspective des faces latérales du montant résulte de celles des faces supérieure et inférieure. Les lignes $i_4 i_5$, $j_4 j_5$, $l_4 l_5$, $k_4 k_5$, sont perpendiculaires à LT.

On ne marque pleines que les arêtes vues, comme l'indique la figure; les autres sont ici en points ronds.

XI ESCALIER EN PERRON.

Données.

63. L'escalier est circulaire. Les marches sont des demi-cylindres droits, dont les rayons à partir du sol sont 4^m; 32^{dm}; 24^{dm}. La hauteur des marches est de 35^{cm}. La projection horizontale (*fig.* 29) est dessinée à l'échelle $\frac{1}{50}$.

Tracé de la perspective (*fig.* 30).

64. La question revient à tracer les perspectives de trois cylindres droits superposés. Le lecteur doit avoir bien présent à l'esprit les explications relatives à la construction des perspectives d'un cercle et d'un cylindre droit (*n*os 48 et 58).

La ligne de terre est LT; elle est transportée en $L_1 T_1$. Les bords des marches ont pour projections trois cercles concentriques *o*. Après avoir trouvé la projection horizontale de l'œil, qui est ici hors du papier, on mène aux cercles des tangentes *mj*, *n t*, *p u*, *s v*, etc., dont les points de contact sont obtenus au moyen d'un arc de centre I, de rayon Io ($2\,\mathrm{I}o = o\delta + \mathrm{P\,D}$). Ces tangentes servent à obtenir les contours apparents des cylindres sur le tableau et leurs points de contact avec les ellipses perspectives.

Construisons la perspective du cercle $o\,a$. Les droites $o\,g$, $h\,a$, $l\gamma$, $k\,o$, $i\varphi$, $f\theta$ ont pour perspectives Dg_1, Pα, Pγ, Pπ, Pφ, Pθ; d'où on déduit les points h_1, l_1, o_1; puis k_1, i_1, a_1, f_1, après avoir mené à L T les parallèles $h_1 k_1$, $l_1 i_1$, $o_1\,a_1\,f_1$. On détermine le point de tangence v_1 de l'ellipse avec la perpendiculaire $s\,\varepsilon$ à L T au moyen de Pβ perspective de $v\,\beta$; une parallèle à LT donne l'autre point de tangence j_1 à sa rencontre avec $m\,\omega$. D'où on peut tracer la perspective $a_1\,v_1\,l_1\,k_1\,i_1\,j_1\,f_1$ du cercle $o\,a$..

La trace sur le tableau du plan de la face supérieure de la première marche est $\mathrm{L}_2\,\mathrm{T}_2$ à une distance $g_1 g_2$ $= 35^{\mathrm{cm}}$. Après avoir mené D g_2 donnant la perspective o_2 du centre o du demi-cercle supérieur $o\,a$, on détermine comme précédemment l'ellipse $a_2\,v_2\,l_2\,k_2\,i_2\,j_2\,f_2$ qui est sa perspective; les points α, β, γ, φ, θ, sont rapportés en α_2 β_2, γ_2, φ_2, θ_2 sur $\mathrm{L}_2\mathrm{T}_2$ et joints à P. Les droites $v_2 v_1$. $j_2 j_1$, perpendiculaires à L T, forment le contour apparent de la première marche. Remarquons que les lignes telles que $a_2\,a_1$, $l_2\,l_1$, $i_2\,i_1$, $f_2\,f_1$, sont perpendiculaires à L T.

Le demi-cercle inférieur $b\,x\,e$ de la seconde marche étant sur le plan de la face supérieure de la première, on obtient les perspectives de ses points analogues à ceux du demi-cercle $a\,k\,f$ en se servant de $\mathrm{L}_2\mathrm{T}_2$; la perspective de son centre est o_2; sa perspective est l'ellipse $b_2 x_2 e_2$.

La perspective $b_3 x_3 e_3$ du demi-cercle supérieur bxd de la seconde marche s'obtient après avoir construit, à la distance $g_2 g_3 = g_1 g_2$, la trace $L_3 T_3$ de son plan sur le tableau. Les constructions sont les mêmes que précédemment ; ici nous les avons faites sur la droite de la figure, après avoir déterminé la perspective o_3 du centre o au moyen de Dg_3, pour mener la droite $o_3 z_3$ perspective de la direction oi.

C'est aussi sur la droite de la figure qu'ont été faites les constructions servant à obtenir la perspective $c_3 y_3 d_3$ du bord inférieur de la dernière marche cyd, la trace de son plan étant $L_3 T_3$; ainsi que la perspective $c_4 y_4 d_4$ de son bord supérieur dont la trace est $L_4 T_4$ ($g_3 g_4 = z_3 z_4 = g_1 g_2$).

L'arête de la dernière marche projetée en cod a pour perspective la droite $c_4 o_4 d_4$.

On trace les contours apparents des deux dernières marches au moyen des perpendiculaires à LT partant de n, p, r, q.

Nous avons indiqué en points ronds les parties cachées de chaque marche.

PROBLÈMES A RÉSOUDRE.

Observation. Il y n'a dans les figures qui suivent que les données nécessaires pour la construction d'épures que le lecteur devra faire à l'échelle qu'il jugera convenable. La ligne LT de ces épures occupe la position qu'on devra donner à la trace LT du tableau sur le géométral. Ici le plan vertical passe par LT et il est rabattu d'arrière en avant sur le géométral. La droite xy indique la position de PO_1 par rapport à la projection de l'objet. Mettre en perspective tous les objets indiqués dans les problèmes suivants.

5. Auge ayant la forme d'un ponton (*fig.* 31.)

6 Pyramide régulière à base pentagonale (*fig.* 32).

7. Tronc de prisme oblique (*fig.* 33). Déterminer d'abord les projections de la section.

8. Cube reposant par un sommet sur le géométral, de manière que sa diagonale soit verticale (*fig.* 34).

9. Tétraèdre régulier reposant par un sommet sur le géométral, de sorte que sa hauteur soit verticale (*fig.* 35).

10. Octaèdre régulier situé de telle sorte qu'une de ses diagonales soit perpendiculaire au géométral (*fig.* 36).

11. Cylindre oblique à base circulaire reposant sur le géométral (*fig.* 37).

12. Cylindre droit à base circulaire dont les génératrices sont parallèles au géométral (*fig.* 38).

13. Coude formé de deux cylindres droits à bases circulaires égales (*fig.* 39).

14. Tronc de cône droit à bases circulaires parallèles reposant sur un géométral (*fig.* 40).

15. Croix formée d'un montant et d'une traverse cylindriques, reposant sur un piédestal cylindrique (*fig.* 41).

16. Porte biaise sans talus (2e P., *fig.* 31)

17. Mettre une croix en perspective en faisant usage des échelles de perspective (*n*o 39). Les données relatives aux dimensions de la croix sont celles du *n*o 61. La traverse horizontale de la croix est parallèle au tableau. Les coordonnées du centre de la base du piédestal sont : la distance y à l'axe $ax = 8^{dm}$; celle x à l'axe $ay = 2^m$. L'œil est à 23^{dm} du sol et à 8^m du tableau. La ligne PO_1 est à 5^m de l'axe az. Ne pas employer l'axe az des hauteurs. Echelle $\frac{1}{20}$.

III

PERSPECTIVE CAVALIÈRE*.

DÉFINITIONS.

65. La *perspective cavalière* d'un solide est une *projection oblique* de ce solide faite sur un plan parallèle à une de ses faces ; ce plan s'appelle *tableau*.

66. Les projetantes, dans la projection oblique, sont parallèles à une direction fixe rencontrant le tableau sous un angle quelconque.

67. On nomme *ligne fuyante* la projection $a\,b$ sur le tableau M d'une droite A B qui lui est perpendiculaire (*fig.* 42).

68. On nomme *rapport de réduction* le rapport $\frac{a\,b}{\mathrm{A\,B}}$ de la longueur d'une ligne fuyante $a\,b$ et de celle de la perpendiculaire A B au tableau qu'elle représente.

Ce rapport, qui est toujours une fraction simple, est ordinairement choisi égal à $\frac{1}{2}$, $\frac{1}{3}$, [illegible].

* Les anciens architectes employaient souvent la *Perspective cavalière* ; dans le *Traité de Coupe de Pierres* de La Rue (1728), des voussoirs sont représentés par ce mode de projection oblique.

69. Voici quelques principes relatifs aux projections obliques ; ils sont indispensables pour faire le tracé des perspectives cavalières.

THÉORÈMES.

70. I. *Toute parallèle* AB *au tableau* M *s'y projette obliquement en vraie grandeur suivant* ab (*fig.* 43).

En effet, le quadrilatère AB*ba* est un parallélogramme, comme ayant ses côtés opposés parallèles, donc AB = *ab*.

71. II. *Tout angle parallèle au tableau s'y projette en vraie grandeur.*

Car l'angle de l'espace et sa projection ont leurs côtés parallèles et dirigés dans le même sens.

72. III. *Toute ligne ou figure plane parallèle au tableau s'y projette suivant une ligne ou figure qui lui est superposable.*

Car la figure de l'espace et sa projection peuvent être considérées comme les sections faites dans un prisme par des plans parallèles.

73. IV. *Les droites perpendiculaires au tableau ont leurs projections obliques parallèles.*

Soient AB, CD ayant pour perspectives *ab*, *cd* (*fig.* 42). Les droites *ab*, *cd* sont parallèles comme intersections des plans projetants parallèles BA*ab*, DC*cd* par le tableau M ; les plans projetants sont parallèles, car les angles BA*a*, DC*c* qui les déterminent sont parallèles.

74. V. *Deux perpendiculaires au tableau égales entre elles ont leurs projections obliques aussi égales entre elles.*

Soit $AB = CD$ (*fig.* 42). Les rapports de réduction de ces deux droites sont :

$$\frac{ab}{AB}, \quad \frac{cd}{CD},$$

tous deux égaux à la cotangente de l'angle que la direction fixe fait avec le tableau ; donc :

$$\frac{ab}{AB} = \frac{cd}{CD};$$

Or, $AB = CD$; d'où : $ab = cd$.

75. VI. *Les projections obliques de deux perpendiculaires au tableau sont proportionnelles aux longueurs de ces perpendiculaires.*

Soit $CE > AB$ (*fig.* 42). Les rapports de réduction de ces deux droites sont :

$$\frac{ab}{AB}, \frac{ce}{CE}$$

tous deux égaux à la cotangente de l'angle que la direction fixe fait avec le tableau ; donc

$$\frac{ab}{AB} = \frac{ce}{CE}; \quad \text{d'où : } \frac{ab}{ce} = \frac{AB}{CE}.$$

76. Conséquence. *Données d'une perspective cavalière.* Il suffit d'indiquer la face prise pour plan du tableau et le rapport de réduction. Les projections

obliques des droites non perpendiculaires ni parallèles au tableau sont le plus souvent déterminées par celles remplissant ces conditions.

77. NOTA. La perspective cavalière des lignes courbes, ne sera pas traitée ici ; nous ne parlerons que de celle du cercle.

78. VII. *La tangente à une courbe a sa projection oblique tangente à la projection de la courbe ; la projection du point de contact est le point de contact des projections de la tangentes et de la courbe.*

En effet, les projetantes des divers points de la courbe forment un cylindre ; le plan projetant la tangente est tangent au cylindre, car il passe par une génératrice et une tangente à une courbe du cylindre ; or, les projections obliques de la courbe et de sa tangente sont les intersections par un plan d'un cylindre et de son plan tangent ; donc ces deux projections sont tangentes (2me P., *n*o 47). Il s'ensuit que le point de contact sur les projections est la projection de celui de l'espace.

USAGES DE LA PERSPECTIVE CAVALIÈRE.

79. Ce mode de représentation est fréquemment employé pour faire saisir la forme d'un objet. Elle ne donne lieu qu'à des constructions très-simples et très-rapides à exécuter.

80. Les figures servant à expliquer les théorèmes de la Géométrie de l'espace sont des perspectives cava-

lières. Nous en avons fait quelques-unes dans ce Traité. Les figures des ouvrages de Physique, Chimie, Mécanique sont souvent des perspectives cavalières.

81. La perspective cavalière ne donne pas exactement la position relative des diverses parties d'un corps, parce que les figures ne deviennent pas plus petites à mesure qu'elles s'éloignent du tableau. Il n'y a que les teintes, les ombres, les hachures, la distinction des parties vues et cachées qui puissent faire comprendre complétement la forme des objets représentés en perspective cavalière.

EXEMPLES.

1° Assemblage rectangulaire à tenon et mortaise.

82. La *fig.* 44, représente les projections de cette assemblage. La *fig.* 45 est sa perspective cavalière à une échelle double de celle de l'épure. Le tableau est le plan horizontal de projections. La flèche f' est la direction des fuyantes pour la pièce B ; f'' pour A ; elles sont également inclinées sur la direction des arêtes latérales. Le rapport de réduction est $\frac{1}{2}$. Ici les fuyantes sont donc égales aux lignes qu'elles représentent, et les lignes projetées en vraie grandeur sont doubles des correspondantes. La même remarque s'applique aux deux exemples suivants.

Pièce B. On construit le parallélogramme $c_1c_2\,d_2d_1$ où $c_1d_1 = 2\,cd$ représentant le carré ayant pour côtés $cd = ij$. Les fuyantes c_1c_2, d_1d_2 sont égales à ij. Les droites perpendiculaires à la direction c_1d_1 et partant de c_1, d_1, c_2, d_2 représentent les arêtes latérales du parallélipipède B facile à achever. Pour construire le parallélogramme $l_1 k_1 p_1 n_1$ représentant l'ouverture de la mortaise, on prend $d_1 x = 2\,de$: on mène la fuyante xy qu'on divise en trois parties égales pour avoir les points l_1, k_1 ; on trace $l_1 n_1$, $k_1 p_1$ parallèles aux arêtes latérales ; $l_1 n_1 = k_1 p_1 = 2\,ln$; d'où la fuyante $n_1 p_1$. Il est aisé de figurer le creux de cette mortaise : les lignes $l_1 l_2$, $k_1 k_2$, $n_1 n_2$, $p_1 p_2$ sont parallèles à $c_1 d_1$ et doubles de ef.

Pièce A. On construit d'abord le tenon ; on obtient aisément le parallélipipède qui le représente en menant les lignes pointillées prolongements des arêtes de la mortaise. Les fuyantes l_2, k_2, $n_2 p_2$. $l_1 k_1$, $n_1 p_1$ sont parallèles à f'', et égales entre elles comme celles de mêmes noms de la pièce B. Il en est de même des autres arêtes du tenon. On prolonge les fuyantes $l_1 k_1$, $n_1 p_1$; on porte les longueurs $l_1 e_1$, $k_1 e_2$, $n_1 h_1$, $p_1 h_2$ égales à $l_1 k_1$ ou à ur. On peut alors mener les droites $e_1 h_1$, $e_2 h_2$ parallèles et égales à $l_2 n_2$; puis les arêtes latérales de la pièce A parallèles à celles du tenon et partant de e_1, e_2, h_1, h_2.

On fera attention aux parties cachées de A et B marquées ici en points ronds.

2° Assemblage oblique à tenon et mortaise avec embrèvement.

83. La perspective cavalière (*fig.* 47) est faite à une échelle double de celle de l'épure (*fig.* 46) donnant les projections de l'assemblage considéré. Le tableau est le plan horizontal de projections. La flèche f' est la direction des fuyantes. Le rapport de réduction est $\frac{1}{2}$

Pièce B. On établit le parallélipipède B. Ici la droite $a_1b_1 = 2\ ab$; la fuyante $a_1a_2 = ih$. On prend $a_1c_1 = 2\ ac$ On mène la fuyante c_1c_2 ; on la divise en trois parties égales aux points k_2, l_2 ; et par les points c_1, k_2, l_2, c_2 on mène des perpendiculaires aux arêtes latérales de B. On prend $c_1d_1 = 2\ cd$; on mène la fuyante d_1d_2 ; on obtient k_1, l_1. On prend $k_1k_3 = 2\ dh$; on mène la fuyante k_3l_3. On prend $c_1f_1 = 2\ cf$; on mène la fuyante f_1f_2 qu'on divise en trois parties égales aux points f_3, f_4. On mène aux arêtes les parallèles $k_3g_1 = l_3g_2 = 2\ hg$; d'où la fuyante g_1g_2. On mène les droites g_1f_3, g_2f_4 ; puis f_4l_1, f_3k_1. On obtient ainsi le creux de la mortaise.

Pièce A. Les fuyantes ont la même direction que pour B ; le tenon ayant ses lignes égales à celles de la mortaise et de même direction s'en déduit aisément au moyen des lignes pointillées. J'ai placé à dessein les mêmes lettres aux sommets correspondants. Les arêtes latérales de A sont parallèles aux droites g_2f_4, g_1f_3.

On fera attention aux parties cachées de A et B marquées ici en points ronds.

3° Assemblage à queue d'aronde.

84. La perspective cavalière de la pièce B (*fig.* 49) est dessinée à une échelle double de celle de l'épure (*fig.* 48). La direction des fuyantes est la flèche f' ; le rapport de réduction $\frac{1}{2}$. On construit le parallélogramme $a_1b_1b_2a_2$, où $a_1b_1 = 2\ ab$, $a_1a_2 = cd$, pour représenter la base du tenon. On prend $a_1e_1 = ae$, et on construit la face $e_1e_2h_2h_1$ de B, où $e_1e_2 = ij$, $e_1h_1 = 2\ eh$. On prend $e_1f_1 = h_1g_1 = 2\ ef$; on trace xy joignant les milieux de e_1e_2, h_1h_2 ; on prend $xf_2 = yg_2$

$e_1 f_1$. La direction des droites $a_1 f_1$, $a_2 f_2$, $b_1 g_1$, $b_2 g_2$, est déterminée ; les droites $f_1 f_2$, $g_1 g_2$ sont des fuyantes. On achève aisément la pièce B. On fera attention aux parties cachées.

4° Cercle horizontal.

85. Soient O son centre (*fig.* 50) et A B son diamètre parallèle au tableau, ici un plan vertical. Soit la flèche f' la direction des fuyantes. Le rapport de réduction est $\frac{1}{2}$. Soit aob, parallèle AB, la projection oblique de A B sur le tableau. Décrivons sur celui-ci un cercle o, de rayon ob, projection oblique du cercle O devenu parallèle au tableau. Le rayon O C (représenté par son égal oc), perpendiculaire au tableau, a pour fuyante oc_1, parallèle à f' et égal à la moitié de oc. Une demi-corde C D (représentée par son égale cd), perpendiculaire au tableau, a pour fuyante de_1 parallèle à f' et égale à la moitié de de. On obtient ainsi les points nécessaires pour tracer l'ellipse qui est la projection oblique du cercle considéré*. Pour lui mener une tangente $e_1 f_1$, on mène la tangente ef au cercle ; et on cherche la perspective f_1 d'un point f de cette tangente au moyen d'une perpendiculaire fg au tableau ; gf_1 égale la moitié de gf.

86. Remarque. Je donne (*fig.* 51) la perspective cavalière d'une voûte d'arête laissant au lecteur le soin d'expliquer les constructions. Cet exemple montre bien l'utilité de ce mode de représentation.

* La courbe à obtenir est une ellipse, car c'est l'intersection d'un cylindre oblique à base circulaire par un plan ; la courbe tracée est cette ellipse, car les droites oc_1 de_1 etc., construites avec le même rapport de réduction, sont les projections obliques des demi-cordes parallèles OC, DE, de la directrice du cylindre.

PROBLÈMES A RÉSOUDRE.

18. Faire la perspective cavalière des solides suivants : cube, parallélipidède oblique, prisme droit, prisme régulier à base pentagonale, prisme oblique, tétraèdre, pyramide à base polygonale, pyramide régulière à base hexagonale, tronc de prisme droit, tronc de pyramide triangulaire à base parallèles, ponton. — Ces solides reposent par leur base sur le plan horizontal. Le tableau est vertical et parallèle à une face. Les fuyantes sont à 45° sur la verticale. Le rapport de réduction est 1/2.

19. Faire la perspective cavalière du trait de Jupiter.

20. Trouver dans la *fig.* 50 la direction de la droite du cercle O (représenté en *o*) qui aurait pour projection oblique une perpendiculaire à *ab*; en déduire le moyen de mener à l'ellipse obtenue des tangentes verticales.

21. Faire remarquer que (*fig.* 50) le diamètre *ab* n'est pas le grand axe de l'ellipse obtenue pour perspective du cercle.

22. Quelle est la direction des fuyantes pour que le grand axe de l'ellipse perspective cavalière d'un cercle horizontal soit la projection oblique du diamètre parallèle au tableau vertical ? — Quel est le rapport de réduction dans ce cas ?

23. Faire la perspective cavalière d'un cercle parallèle au tableau.

24. Faire la perspective cavalière sur un tableau vertical d'un cylindre droit à base circulaire reposant sur le plan horizontal. Prendre la direction des fuyantes, 1° oblique 2° perpendiculaire au diamètre de base parallèle au tableau. — Pourquoi les lignes de contour apparent du cylindre sont-elles perpendiculaires à la projection oblique du diamètre parallèle au tableau ? En déduire la position relative des lignes de contour apparent du cylindre et du grand axe de l'ellipse perspective cavalière.

25. Faire la perspective cavalière sur un tableau vertical d'un cône droit à base circulaire reposant sur le plan horizontal. Prendre la direction des fuyantes 1° oblique 2° perpendiculaire au diamètre de base parallèle au tableau.

26. Quelle est la perspective cavalière d'une sphère ? — Les figures de la géométrie de l'espace faites pour représenter la sphère et ses cercles sont-elles des perspectives cavalières ?

FIN DE LA QUATRIÈME & DERNIÈRE PARTIE.

TABLE DES MATIÈRES.

TROISIÈME PARTIE.

SURFACES TOPOGRAPHIQUES.

QUATRIÈME PARTIE.

PERSPECTIVE.

FIN DE LA TABLE DES MATIÈRES DE LA DERNIÈRE PARTIE.

ERRATA.

TROISIÈME & QUATRIÈME PARTIES.

PAGE.	LIGNE.	AU LIEU DE :	LIRE :
11	9	*mar*	*mas*
38	dernière	»	π (au dénominateur)
62	9	$c_{11,7}$	$c_{7,4}$
62	*n°* 133	»	*fig.* 34
65	9	*fig.* 34	*fig.* 37
74	2	»	$a_2 b_2 c_2 d_2$
74	5	»	$A_2 B_2 C_2 D_2$
80	24	par *cj*	par ce point *j* une normale *jk*
82	19	Q_1, R_1	Q, R

AMIENS. — Typ. OSCAR SOREL. — Directeur : Léon LECOINTE.

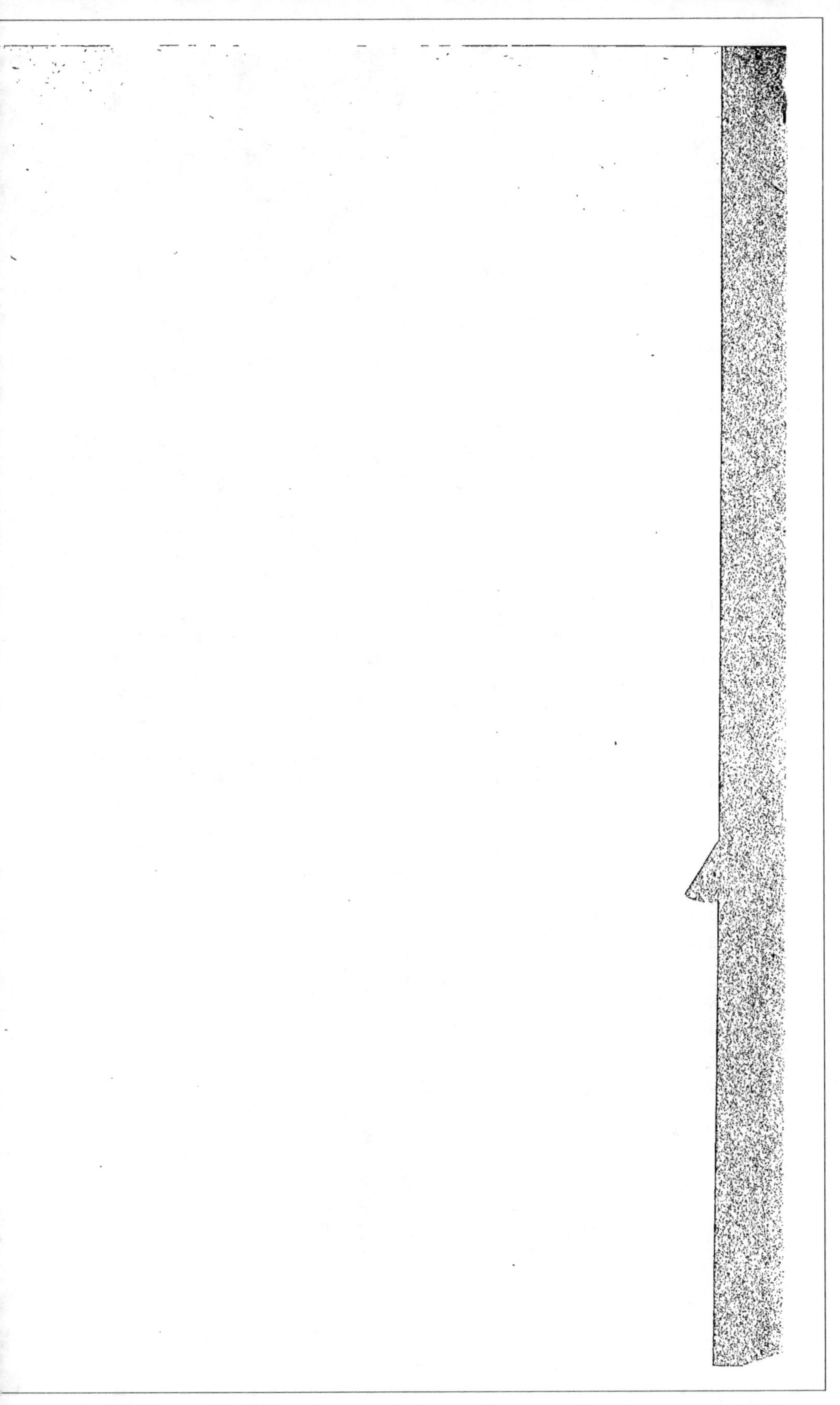

Traité de Géométrie descriptive, théorique et appliquée contenant 350 Problèmes gradués à résoudre, par Ernest Lebon, ancien Élève de Cluny, Professeur agrégé au Lycée de Nancy. — L'ouvrage est divisé en *Trois volumes doubles*, composés chacun d'un volume de Texte et d'un volume de Planches.

1er Volume. — *Première Partie* : Plan et Sphère. *Enseignement secondaire spécial, 3e année.* — Prix. [illegible] fr.

2me Volume. — *Seconde Partie* : Surfaces courbes géométriques. *Enseignement secondaire spécial, 4e année.* — Prix. [illegible] fr.

3me Volume. — *Troisième et Quatrième Parties* : Surfaces topographiques et Perspective comprenant : Instruments de topographie et d'arpentage. — Lever des plans. — Nivellement. — Plans cotés. — Problèmes de Topographie. — Perspectives conique et cavalière. — *Enseignement secondaire spécial, 4e année.* — Prix. **3** fr.

Nota. — Chaque *volume double* se vend séparément. — Le prix des deux derniers volumes ensemble est de **6** fr.

Amiens. — Typ. Oscar Sorel. — Directeur : Léon Lecointe.

www.ingramcontent.com/pod-product-compliance
Lightning Source LLC
LaVergne TN
LVHW020315230826
846091LV00003B/678

* 9 7 8 2 0 1 4 4 3 7 2 0 1 *